分析化学実技シリーズ

機器分析編・14

（公社）日本分析化学会【編】
編集委員／委員長　原口紘炁／石田英之・大谷　肇・鈴木孝治・関　宏子・平田岳史・吉村悦郎・渡會　仁

長迫　実【著】

電子顕微鏡

共立出版

「分析化学実技シリーズ」編集委員会

分析化学実技シリーズ 刊行のことば

このたび「分析化学実技シリーズ」を日本分析化学会編として刊行することを企画した．本シリーズは，機器分析編と応用分析編によって構成される全30巻の出版を予定している．その内容に関する編集方針は，機器分析編では個別の機器分析法についての基礎・原理・装置・分析操作・実施例に関する体系的な記述，そして応用分析編では幅広い分析対象ないしは分析試料についての総合的解析手法および実験データに関する平易な解説である．機器分析法を中心とする分析化学は現代社会において重要な役割を担っているが，一方産業界においては分析技術者の育成と分析技術の伝承・普及活動が課題となっている．そこで本シリーズでは，「わかりやすい」，「役に立つ」，「おもしろい」を編集方針として，次世代分析化学研究者・技術者の育成の一助とするとともに，他分野の研究者・技術者にも利用され，また講義や講習会のテキストとしても使用できる内容の書籍として出版することを目標にした．このような編集方針に基づく今回の出版事業の目的は，21世紀になって科学および社会における「分析化学」の役割と責任が益々大きくなりつつある現状を踏まえて，分析化学の基礎および応用にかかわる研究者・技術者集団である日本分析化学会として，さらなる学問の振興，分析技術の開発，分析技術の継承を推進することである．

分析化学は物質に関する化学情報を得る基礎技術として発展してきた．すなわち，物質とその成分の定性分析・定量分析によって得られた物質の化学情報の蓄積として体系化された分析化学は，化学教育の基礎として重要であるために，分析化学実験とともに物質を取り扱う基本技術として大学低学年で最初に教えられることが多い．しかし，最近では多種・多様な分析機器が開発され，いわゆる「機器分析法」に基礎をおく機器分析化学ないしは計測化学が学問として体系化されつつある．その結果，機器分析法は理・工・農・薬・医に関連する理工系全分野の研究・技術開発の基盤技術，産業界における研究・製品・技術開発のツール，さらには製品の品質管理・安全保証の検査法として重要な役割を果たすようになっている．また，社会生活の安心・安全にかかわる環境・健康・食品などの研究，管理，検査においても，貴重な化学情報を提供する手段として大きな貢献をしている．さらには，グローバル経済の発展によって，資源，製品の商取引でも世界標準での品質保証が求められ，分析法の国際標準化が進みつつある．このように機器分析法および分析技術は科学・産業・生活・経済などあらゆる分野に浸透し，今後もその重要性は益々大きくなると考えられる．我が国では科学技術創造立国をめざす科学技術基本計画のもとに，経済の発展を支える「ものづくり」がナノテクノロジーを中心に進められている．この科学技術開発においても，その発展を支える先端的基盤技術開発が必要であるとして，現在，先端計測分析技術・機器開発事業が国家プロジェクトとして推進されている．

本シリーズの各巻が，多くの読者を得て，日常の研究・教育・技術開発の役に立ち，さらには我が国の科学技術イノベーションにも貢献できることを願っている．

「分析化学実技シリーズ」編集委員会

まえがき

電子顕微鏡は電子線を用いて拡大像を得る装置であり，走査電子顕微鏡 (SEM)，透過電子顕微鏡（TEM)，走査透過電子顕微鏡（STEM）に分類される．SEM はおおむねサブマイクロメートルまでの試料表面の評価に用いられ，ナノメートルレベル原子スケールで試料の内部構造まで調べたい場合は TEM を用いる．STEM は，TEM に SEM 同様の走査像を撮る機能が追加されたものであり，元素分析（EDS）用の付帯機能として利用されることが多い．本書は，TEM および STEM（以後 S/TEM とまとめて表記）についての最も簡単な入門書を目指して執筆された．紙面の都合上，SEM に関しては最低限の記載にとどめた．以下その背景について述べる．

顕微鏡観察では，試料をセットしただけで自動的にデータが出力されることはない．実験後の解析だけではなく，実験操作すべてのプロセスが手動である．目的の視野を探して適切な実験条件で測定するためには試料に関する（とりわけ微細組織と結晶構造についての）学術的知見が欠かせないため，原則として顕微鏡観察は研究者自身が直接行う必要がある．

ここで問題となるのは，技能修得にかかる時間やコストである．SEM は比較的小規模で導入しやすく，ラボ単位での保有も珍しくないため，周囲の経験者に乞うて必要な技術や知識を身につけることもそれほど難しくはない．なにより，身近に装置があるため，研究室配属後に初めて SEM に触れたとしても，卒論・修論に自分で撮った写真を載せられる程度には経験を積むことができる．

一方で，TEM は大型装置であり，共通部門で管理されることが多い．共通部門の役割は装置の維持管理と操作トレーニング，および操作補助であり，データ取りの代行はルーチン的なケースを除いて通常は行わない．理由は上に述べたとおり，共通部門スタッフが必ずしも対象試料に関する十分な学術的知見を持ち合わせていないためである．

TEM においても，まともにデータを出せるようになるためには十分なトレーニングが必要である．しかし，SEM 以上に操作が複雑であり，よほど強いモチベーションと（装置が利用できる）環境に恵まれない限り，技能修得には年単位の時間がかかることも少なくない．したがって，TEM の使用は研究上その利用が避けられない一部の研究室に限定されてきた．また，SEM の性能向上によって代用できる範囲も広がってきており，旧来からの利用研究室においても，ラーニングコストを考慮して，学生には TEM を使用させないというケースもある．

ナノテクノロジーの発展は，多くの研究者に TEM の高分解能が必要な状況を作り出したが，その利用ハードルは高いままである．しかし，近年 STEM の著しい性能向上によって，SEM と同様のオペレーションできわめて高い分解能のデータを得ることが可能となった．STEM を完全に活用するためには，TEM の技能が必要になるが，SEM の高分解能版といった限定的な用法に限れば，技能修得に要する時間は大幅に短縮できる．粒径 10 nm 程度の元素分析も簡単なトレーニングで利用可能である．

そこで，本書では TEM データを必要とする学生や若手研究者に対して，STEM 機能から取り組むという選択肢を示したい．TEM の技能修得における大きな問題点は，利用できる水準のデータを出せるようになるまでに時間がかかるため，研究のスケジュールが許さなければ，経験を積むこと自体が難しい点である．しかし，STEM を先行することで，トレーニングの序盤から有用なデータが取得できる．STEM のデータで十分であればそのまま使い続けてもよいし，同じ装置を使用するため，TEM 機能のトレーニングにも取り組みやすい．

本書の想定読者は学生や若手研究者で，特に身近に S/TEM に関して相談できる専門家がいない方々である．STEM の使用を推奨しているが，記述の中心は TEM に関するものである．自身では直接操作はしないがデータは利用するという方の入門用途にもご利用いただける．電子顕微鏡は非常に強力なツールなので，ぜひ使いこなして研究に活用してほしい．

2023 年 6 月

著　者

目次

イラスト／いさかめぐみ

Chapter 1

電子顕微鏡序論

電子顕微鏡と聞いて思いつくのは透過電子顕微鏡（TEM），走査電子顕微鏡（SEM）のどちらだろうか．走査透過電子顕微鏡（STEM）をイメージした方は電子顕微鏡に関する基礎知識を有しているため，本書より高度な専門書[1,2,3,4)]をお勧めする．いずれも電子線を用いて試料を拡大して観察するという基本は共通しているが，装置の規模，使用する電子線のエネルギー，試料サイズ，観察対象，得られるデータ等，様々な点において違いがあり，別の装置であるという認識が妥当である．本章では特に TEM/STEM に着目して電子顕微鏡の基礎を概観する．

1.1 電子顕微鏡の分類

肉眼では見分けられないような小さな試料・領域を観察するためには顕微鏡が用いられる．対象となるスケールによって光学顕微鏡と電子顕微鏡を使い分ける（**図 1.1**）．マイクロメートルから原子スケールに至る範囲の観察に用いられる電子顕微鏡は結像原理の違いで TEM/SEM/STEM の 3 つに大別できる（**表 1.1**）．まずはその違いを簡単に押さえておこう．

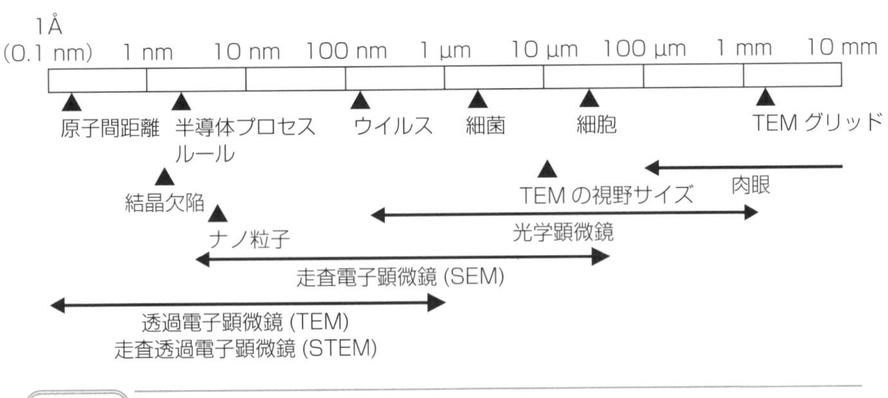

図 1.1 対象物のスケール

表 1.1 結像原理による電子顕微鏡の分類

名称	結像法	照射ビーム	試料	主に結像に利用する信号	空間分解能
TEM	透過法	平行ビーム	薄膜	透過波・回折波	0.1 nm
SEM	走査法	収束ビーム	バルク表面	反射電子・二次電子	1 nm
STEM	走査透過法	収束ビーム	薄膜	透過電子	0.1 nm

1.1.1 透過電子顕微鏡（TEM）

透過電子顕微鏡（Transmission Electron Microscope：TEM）は，数十～数千 kV で加速した電子線を薄膜試料に照射し，透過した電子線（透過波・回折波）を電子レンズで結像して試料の内部構造を評価する装置（**図 1.2**（a））である．像観察を行う実験装置において最も高い水準の空間分解能を有し，ミクロ組織や原子配列を観察できる．電子線と試料の相互作用で生じる信号を検出して，分光分析をすることも可能である．試料が結晶質の場合は，電子回折を用いて局所領域の結晶学的情報を選択的に取り出せる．

1.1.2 走査電子顕微鏡（SEM）

走査電子顕微鏡（Scanning Electron Microscope：SEM）は，電子レンズで絞った電子プローブで試料表面を走査して，発生した信号（二次電子・反射電子等）を検出して可視化する装置（図 1.2（c））である．加速電圧が数 k～数十 kV であり空間分解能は電子プローブの直径に対応する．倍率を変えてもスキャン範囲が変わるだけで，常に一定の条件でビーム照射されるため，様々な検出器と組み合わせて表面分析に用いられる．卓上型など小型化が進んでおり，材料や半導体デバイス，医学，生物学など幅広く用いられている．

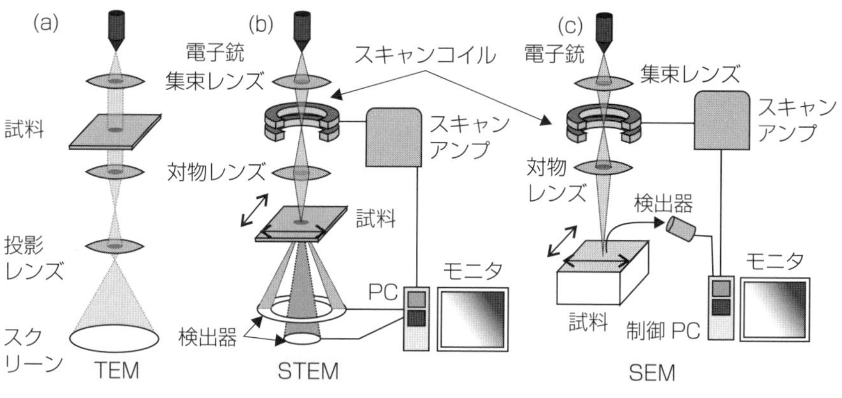

図 1.2 電子顕微鏡の結像方法

1.1.3 走査透過電子顕微鏡（STEM）

走査透過電子顕微鏡（Scanning Transmission Electron Microscope：STEM）は，TEMにスキャンコイルを追加し，電子プローブで薄膜試料をスキャンし，透過した電子線を検出して結像する装置（図1.2（b））である．以前はエネルギー分散型X線分析（EDS）の際に走査像を得るため補助的に使用されることが多かったが，近年，球面収差補正装置が実用化され，1Å以下までプローブを絞ることができるようになり，空間分解能が飛躍的に向上した．環状検出器を用いた高角度散乱暗視野法は，TEMと比べて像解釈が容易である．SEMに近いオペレーションが可能であり，初習者でも比較的容易にナノスケールの観察が行える．なお，結晶性試料の高分解能像を得るためには，TEMの機能である電子回折法を活用して試料の方位を制御する必要がある．

1.2 透過電子顕微鏡の基本機能

図1.3は標準的な透過電子顕微鏡で得られるデータの例である．電子顕微鏡でできることは幅広く，「顕微法」による拡大像の取得だけではなく，「回折法」によって結晶学的な情報を，「分光法」によって構成元素の組成や化学結合状態に関する情報を得ることもできる．

「回折法」，「分光法」では，「X線や中性子回折法」，「質量分析・発光分光・吸光分析」といった具合にそれぞれより定量性の良い装置・手法が存在する．拡大像を得るにしても，レーザー顕微鏡やX線顕微鏡，走査プローブ顕微鏡などの方法があるが，電子顕微鏡が優れているのは，単原子の識別も可能な空間分解能に加えて，任意の局所領域に対して回折法や分光法を選択的に適用できる点にある．このように，基本機能である「顕微法」，「回折法」，「分光法」

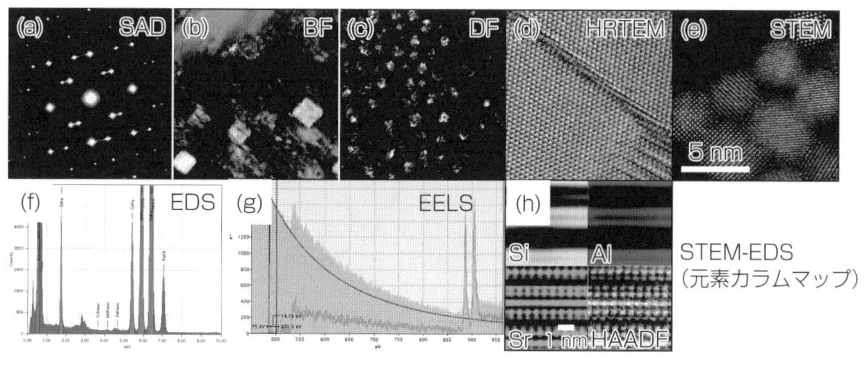

図 1.3 透過電子顕微鏡で得られる様々なデータ

(a) 制限視野電子回折,(b) TEM 明視野像,(c) TEM 暗視野像,(d) TEM 高分解能像,(e) STEM-HAADF 像,(f) EDS,(g) EELS,(h) STEM-EDS (元素カラムマップ).

を組み合わせて様々な測定を行えるのが TEM の大きな利点である(**表 1.2**).

1.3 電子顕微鏡の技術革新

電子顕微鏡の歴史は,1931 年に E. Ruska と M. Knoll によって開発された TEM によって始まった.その後,1937 年に STEM,1942 年に SEM の原型がそれぞれ開発された.以降,電子顕微鏡は数回の技術革新を経て性能を向上させるとともに様々な機能を獲得してきた.電子顕微鏡に関する技術革新と今後の展望・課題については,日本顕微鏡学会が提唱する「EM 5.0 (Electron Microscopy 5.0)」[5] において簡潔にまとめられている(**表 1.3**).EM 5.0 で取り上げられている項目のほとんどは TEM に関するものである.TEM 利用者にとっての大きな問題は,EM 4.0 が達成された現在においても,未だに「自動補正・自動観察」に関して進展がほとんどなく,一部の専門家のみしか十分に

表 1.2　透過電子顕微鏡における様々な測定手法

基本機能	手法	主な測定対象	特徴
回折法	制限視野電子回折法（SAD）	結晶構造	制限視野絞りで選択した領域（数 μm～サブ μm）の電子回折パターンから結晶構造を解析する.
	収束電子回折法（CBED）	空間群 格子歪み	試料上の極狭い領域（～数 nm）に電子を収束照射し発生した回折ディスクを観察し空間群の決定や高精度な歪みの解析を行う.
顕微法	強度コントラスト法（CTEM）	試料形態 微細組織 結晶欠陥	電子線と電磁レンズで試料を拡大して観察する．電子線の吸収散乱や回折に起因する強度コントラストを利用する.
	高分解能電子顕微鏡法（HRTEM）	結晶格子 原子配列	試料の非常に薄い領域に電子線を入射し干渉させて得られた位相コントラストから原子配列を評価する.
	ローレンツ顕微鏡法	磁区観察	磁気シールドされたレンズを使用して電子線が磁性体を通過した際の偏向や位相変化を観察する手法.
分光法	エネルギー分散型 X 線分光法（EDS）	化学組成	電子線の入射によって発生した特性 X 線を検出して組成分析を行う.
	電子エネルギー損失分光法（EELS）	化学組成 化学結合状態	エネルギーフィルターで透過電子を分光し，試料通過の際に損失した透過電子のエネルギーを検出する手法．軽元素分析や結合状態の評価に用いる.
顕微法 ＋分光法	エネルギーフィルター型透過電子顕微鏡法（EFTEM）	元素マッピング	エネルギーフィルターで透過電子のエネルギーを選択して結像し，化学組成や結合状態の分布を評価する手法.
顕微法 ＋分光法 ＋回折法	走査透過電子顕微鏡法（STEM）	試料形態 微細組織 結晶構造 マッピング	試料表面を電子プローブで走査し，透過した電子を検出して結像する手法．検出器の構成に応じて様々なコントラストが得られる．走査像を利用するため収束ビームを利用する手法との相性が良い.

その利点を享受できていない点である．予測通りに開発が進められたとしても，多くのユーザーに EM 5.0 を満足する装置が広く行き渡るまでには 10 年以上の期間を要すると考えられる．

表 1.3　日本顕微鏡学会　EM 5.0 コンセプト

年代	技術革新	科学・産業上の貢献
EM 1.0 黎明期 （1930〜60 年代）	・真空，電子銃，レンズ，フィルム ・明視野，暗視野法 ・試料作製技術	・転位の発見 ・ウイルスの発見 ・材料組織の理解
EM 2.0 高分解能観察 （1970〜90 年代）	・低収差対物レンズ ・高輝度電子銃 ・高分解能電子顕微鏡法 ・像形成理論，シミュレーション	・原子構造の観察 ・ナノ材料の発見 ・界面，表面観察 ・クライオ観察
EM 3.0 局所分析 （1980〜90 年代）	・TEM-EDS 分析の確立 ・TEM-EELS 分析の確立 ・分析電子顕微鏡理論の確立	・定性→定量評価 ・半導体，素材産業での応用 ・局所における組成分析／電子状態解析
EM 4.0 収差補正 （2000 年代〜現在）	・収差補正技術 ・STEM 法の確立，普及 ・分析の原子分解能化 ・原子 1 個の可視化，分析 ・高分解能三次元観察	・原子直視観察 ・H，Li などの直接観察 ・グラフェン，ナノチューブ ・その場観察，触媒 ・クライオ TEM の普及
EM 5.0 ハード・ソフトの高度融合 （現在〜10 年後）	・新対物レンズ，新電子銃・超高次・色収差補正・超高感度カメラ，検出器・超安定実環境ホルダー ・AI 技術の活用，新像形成理論 ・**自動補正・自動観察**，ビッグデータ	・原子，分子結合の可視化 ・化学反応の可視化 ・三次元全原子立体構造観察 ・生体，有機分子の原子直接観察 etc.

1.4 透過電子顕微鏡における制限と課題

TEM は強力な分析装置だが，利点だけではない．ここでは TEM を利用する上で理解しておくべき注意点をまとめる．

1.4.1
原理的な制限

TEMには電子線と電磁レンズを用いて，薄膜試料の局所分析をするという測定原理に起因するいくつかの制限がある．

①**局所観察**：TEMにセットできる通常の試料サイズはϕ 3 mm×厚さ数十 μmであり，観察可能な領域は数百 μm^2 程度に過ぎない．これは観察で得られたデータが意図した領域から得られたもので，試料を代表するものとして適当かといった問題を生じさせる．したがって，SEMや光学顕微鏡による広範囲・マルチスケールの観察が必要になる．複数試料を観察して再現性を確保することも重要である．

②**像解釈**：現実の物質は三次元的な形態・微細組織・結晶構造を有するが，TEMで得られる像は内部構造を二次元に投影したものであるため，像解釈には注意を要する．最表面情報を実験的に直接得たい場合は，表面敏感なSEMやSPM，三次元情報の場合は3 DAP等を使用する．

③**ビームダメージと安全性**：高エネルギーの電子線照射は原子の弾き出しやイオン化，試料の温度上昇を誘起する．このようにビームダメージは物質を変質・破壊するため，得られたデータがオリジナルの試料の状態を反映していない可能性がある．対策は，低加速・低照射量・試料冷却でダメージを抑制するか破損前に必要なデータを取り終えることである．なお，電子線そのものや照射によって二次的に発生する放射線は通常鏡筒内から漏出しないが，本質的に人体に対して致死性の危険を有することを認識しておく必要がある．

④**試料**：電子線は非常に薄い試料しか透過しないためバルク試料は薄膜化する必要がある．薄膜化が不十分な試料は観察に適さず，薄膜化の過程で試料が変質・汚染する場合もある．対策は適切な試料作製方法の選択と複数試料を使用して再現性を確保することである．なお，ダメージ・汚染がなく，十分に薄い試料が得られた場合でも，薄膜効果（サイズ効果・表面強化）の影響でバルク状態から変質している可能性があるため，バルク試料のデータと突き合わせて検証することが重要である．

⑤**磁性体**：磁性体試料は対物レンズの作る磁界を乱して分解能を低下させると

ともに，強い磁気力による試料変形・破損や観察中のドリフト，方位制御の困難化の原因となる．基本的な対策は，試料体積を小さくして磁化を減らすことである．磁場印加そのものが問題となる場合は，磁気シールドされたレンズを使用するなど特別な対策が必要となる（分解能は犠牲となる）．

1.4.2 実質的な課題

TEM を利用するにあたっては，たびたび指摘される実用上の問題点もいくつかある．

①**再現性**：TEM 実験は試料作製から観察・測定，解析まで非常に時間とコストがかかるため，試料数 $n=1$ となりやすく，再現性を担保する工夫が必要である．

②**手動測定**：TEM 観察は他の多くの分析装置と異なり，ほぼすべての工程を手動で行う必要があるため，データ品質がオペレーターの技能に左右されやすく，1 測定あたりの時間もかかる．調整・測定の自動化はコストの問題もあり，短期的に実現される見込みは小さい．

③**技能修得**：TEM でデータを取るためには装置の機能を呼び出すための操作方法に加えて，手動で種々の機能を組み合わせる特殊観察手法が必要となる．これらの技能をマニュアルなしで使いこなせなければ実用的なスピードで実験ができないため，十分に経験を積むことが必要である．

④**データ解析**：TEM で得られるデータは多様であるため，画一的な解析法は存在せず，実験目的に応じた解析をその都度行う必要がある．省略した実験を参考文献やシミュレーション，経験から補う必要もある．したがって，電子顕微鏡の測定原理についての理解とサンプルに関する十分な知見が求められる．

⑤**導入・維持・更新**：TEM はスモールサイエンスで使用される機器の中では大規模なものであり，設置・管理・運用等にコストがかかる．現行装置の場合，研究室単位での導入はほぼ不可能であり，共通装置として利用が基本となる．データ品質・実験効率の面から，現行装置の使用が推奨されるが，既

存設備の更新もコスト面が障害となり，機能・性能に劣る旧型の装置を10～20年以上使用し続けているケースも少なくない．

⑥**装置へのアクセス**：ラボ単位で保有されることもあるSEMと比べて全体の装置数も少なく，機器ごとに性能・仕様が異なるため，各研究者に最適な装置が身近にない場合も多い．装置があっても，利用目的や利用者の技能水準によって使用を制限される場合もある．

⑦**費用**：TEMの使用には費用がかかる．大学等非営利目的の場合はランニングコストのみの負担となる場合もあるが，現行フラッグシップ機の場合，1回の料金でちょっとした機器が新規購入できる金額となる．負担割合によっては継続利用が困難であり，技能修得のための十分な経験の妨げとなる．総論としてTEMはコストのかかる実験方法であり，得られるデータにどのような価値を見いだせるかがポイントとなる．稼働率を上げて実験単価を抑えることも大切である．

⑧**標準化**：機器分析化学における多くの分析法ではその手法と得られるデータがおおむね1対1で対応しており，JIS規格等で標準的な手法が定められている場合もある．電子顕微鏡法も広く機器分析化学における手法の1つであるが，物質材料系の用途においてはまったくといってよいほど標準化は進んでいない．同じ試料について分析を行っても，使用する装置や実験実施者の違いで正反対の結果が得られることもある．

1.4.3
装置か？腕か？試料か？経験か？

実験データの質の良否は，装置の性能，実験技能，試料，経験のすべてにかかわる．

装置の性能は求められるデータの質に対して十分に高い必要があるが，現行フラッグシップ機であればたいていの実験仕様は満たされる（使用目的によっては旧型機で取得したデータも十分実用可能である）．

実験技能についても，装置の仕様内のルーチン作業であれば通常のトレーニングで修得可能である．ここまでは，電顕施設側の役割と言える．

試料については，やや事情が異なる．通常TEM試料を得るためには，ほぼ別の実験といえる薄膜化が必要になり，その良否（試料厚さ，汚染，ダメージなど）は観察結果に直接影響する．熟練者が良い装置で状態の悪い試料を観察しても，そこからわかることは，試料の品質が悪いということである．薄膜試料としての状態が良くても，試料が変質していれば，誤った判断につながる．上手くいかなかった実験を振り返ると，原因のほとんどは試料にあると考えられることが多い．

経験は最も重要な要素である．少し具体的に説明する．TEM による物質の同定では，組織形態，組成，結晶構造の確認を行うが，結晶構造に関しては，電子回折パターン 1～2 枚で判断することが多い．X 線回折の場合，スペクトル上のすべてのピークを説明するが，TEM の場合，オペレーターが選んだ領域の電子回折パターンに，特定の回折ピークが「ある」ことしか示されない．実際，実験にかかる時間や装置の**試料傾斜**の制限から，単結晶 X 線回折法（XRD）のようにあらゆる方位からの回折パターンを確認するということはできないし，しない．したがって，顕微鏡観察で得られるデータは視野選択に関してきわめて恣意性が高い．局所観察を行う TEM の場合この傾向はさらに強いが，それでも実験データが受け入れられている理由は，他に適当な方法がないことに加えて，オペレーター自身が過去の実験経験や文献等から学術的判断を下して，適切に視野を選択しているという信用である．このように，TEM 実験において経験は欠かせないため，共通部門や分析会社に依頼してデータを取るということは本質的に困難である．信頼性の高いデータを提供するには，依頼を受ける側も，共同研究者の一人として役割を受け持つ責任が生じるため，本番の観察以外にも文献調査や類似試料の観察等経験を積んでおかなければならず，大きなコストがかかる．

以上のことから，TEM 実験は原則として研究者本人が行うことが望ましく，データ取りを含めた依頼実験は単純なルーチン実験を除いて成立しにくい．とはいえ，現実には非ルーチン的実験を依頼せざるえないケースはありうる．その際は具体的で詳細な実験（操作）指示が必要であり，可能な限り立ち会うことが望ましい．なお，指数付けや像解釈等は試料に関する情報を持っている研究者自身でなければ正しく行えないことを理解しておかなければならない．解析を含めてデータを利用したい場合は，共同研究の枠組みで対応可能な支援者を探そう．

ルーチン実験の例（視野探しが不要）：

粒子のサイズ・形態観察／多結晶・微粒子のデバイリング観察／中～低倍の元素マッピング／積層膜の膜厚測定（断面試料）／既知構造・単結晶試料の方位出しを伴わない高分解能観察

非ルーチン実験の例（視野探しが必要）：

未知構造の構造解析／電子回折パターンの指数付け／多結晶組織の構造同定・方位確認／暗視野観察／転位観察／方位出しを伴う高分解能観察／定量組成分析／その場実験

1.5 実際に利用するには？

S/TEM のデータを実際に研究で利用するためには，以下に示すようないくつかのステップが必要になる．

①**仕様選定：**

実験内容に応じて必要なハードウェア仕様を選定する．特殊ホルダーや検出等の付帯設備が必要な場合もある．

②**装置探査：**

要求仕様を満たす S/TEM を探す．所属機関内で利用できない場合は，産学共同利用の枠組みや民間分析会社の利用を検討する．機器操作を依頼する場合は，希望する実験を実施可能なオペレーターの有無も確認する．

③**試料作製：**

試料の材質と観察目的に適した方法で薄膜試料を作製する．自前での作製が困難な場合は，外部機関を利用する．

④**観察：**

正確で効率の良い実験のためには，自ら装置を操作することが望ましい．操作を依頼する場合は，詳細な実験指示を準備する．

⑤**解析：**

取得したデータに応じて必要な解析を行う．データ解析は自ら行うことが基本である．電子回折パターンの指数付けや像シミュレーションに使用するソフトウェアの取り扱いに慣れておくとよい．

1.5.1 仕様選定

装置の性能が優れていれば，データの質がよく，取り扱いも容易で，短時間に実験を済ませることができる．というよりも，性能以上のデータは基本的に得られない．使用する装置は明確な理由がない限り，現行のフラッグシップ機（球面収差補正装置付きのS/TEM）が望ましい．S/TEMによる実験は，サンプル・使用する装置・オペレーターの技能すべてが結果に影響するが，現行フラッグシップ機であれば，サンプルに問題がない限り，ルーチン的な手順のみで，ナノメートルスケールの観察と元素マッピングが可能である．とりあえずこのデータがあれば，ある程度の分析は可能であるし，実験に失敗した際の問題の切り分けも容易である．古い装置で観察したら，少しだけ分解能が足りなかったので再実験するといったことも避けやすい．最新装置の場合，装置使用料が問題となるが，学術利用の場合は比較的安価に使用できる枠組みもあるので，装置選択に迷っている場合は，一度収差補正S/TEMの利用を体験して，自分自身の研究に必要な装置のスペックを把握することを推奨する．

1.5.2 トレーニング

自ら機器を操作して実験を行うには，操作技能の修得が必要である．初学者がトレーニングに利用する装置も（できれば収差補正機能を備えた）S/TEMが望ましい．トレーニングは継続的に行う必要があり，特にTEMで実用的なデータをとるためには電子回折法の修得が避けられない．したがって，トレーニング期間中でも電子回折以外のデータがそれなりに利用可能なSTEMはデータ取りと両立しやすい．

1.5.3 共同利用

S/TEMは大型装置であるため，ラボ単位での保有は少なく，共通部門に設置されていることが多い．最新の現行フラッグシップ機となると数はさらに少なく，設置機関は限られている．しかし，効率的な研究遂行や人材育成のためには，適切な装置が利用できることが重要である．多くの大学や公的機関は科学技術振興や税金の有効活用の目的で，保有設備の外部共用を実施しており，学術目的には比較的安価に先端研究装置を利用できる場合がある．所属機関に必要な装置がない場合でも，諦めずにこれらの枠組みを活用しよう．

共同利用枠組みの例

●文部科学省　マテリアル先端リサーチインフラ
（https://nanonet.mext.go.jp/）

●国立研究開発法人　物質・材料研究機構　オープンファシリティ
（https://www.nims-open-facility.jp/）

Chapter 2 電子顕微鏡の基礎

電子顕微鏡は「顕微法·回折法·分光法」のすべてを行える装置だが，一言にまとめれば，その名の通り電子（線）で対象物を拡大して観察する「顕微」装置である．顕微法の基本原理は光学顕微鏡と同様の光学である．レンズによる拡大・縮小やフォーカス合わせについては，幾何光学を電子線に応用した電子光学，電子線の回折や干渉については波動光学で説明される．

本章では，簡単な電子光学・波動光学を中心に，特に透過電子顕微鏡を理解する上で最低限抑えておくべき基礎知識を解説する．

2.1 電子顕微鏡の分解能と倍率

顕微鏡はレンズを用いて対象物を拡大して観察する装置であり，その最も重要な性能指数が分解能である．結像に電子線を用いる電子顕微鏡においても，望遠鏡やカメラ，眼鏡といった光学機器と同様である．本項では，レンズの基本的な性質と分解能について簡単に示す．

2.1.1 凸レンズの基本性質

レンズは光の屈折を利用して像を拡大・縮小する光学要素である．**図 2.1** は凸レンズにおける光線の経路を示した光線図である．電子顕微鏡におけるレンズも基本的に凸レンズとして作用する．凸レンズの主な性質は以下の通りである（ここでは簡単のためにレンズの厚みは十分に薄く無視できるとする）．

①光軸に平行な光線はレンズ通過後に焦点を通る（図 2.1（d））．
②焦点から出た光線はレンズ通過後に光軸に平行な光線となる（図 2.1（c））．
③レンズの中心を通る光線は直進する．
ここで，光線図より幾何的に以下の関係が成り立つ．

$$\text{レンズの公式：}\frac{1}{a}+\frac{1}{b}=\frac{1}{f} \tag{2.1}$$

$$\text{倍率：}\mathrm{M}=\frac{b}{a}=\frac{f}{a-f} \tag{2.2}$$

a ：レンズと物体の距離
b ：レンズと像との距離
f ：レンズの焦点距離

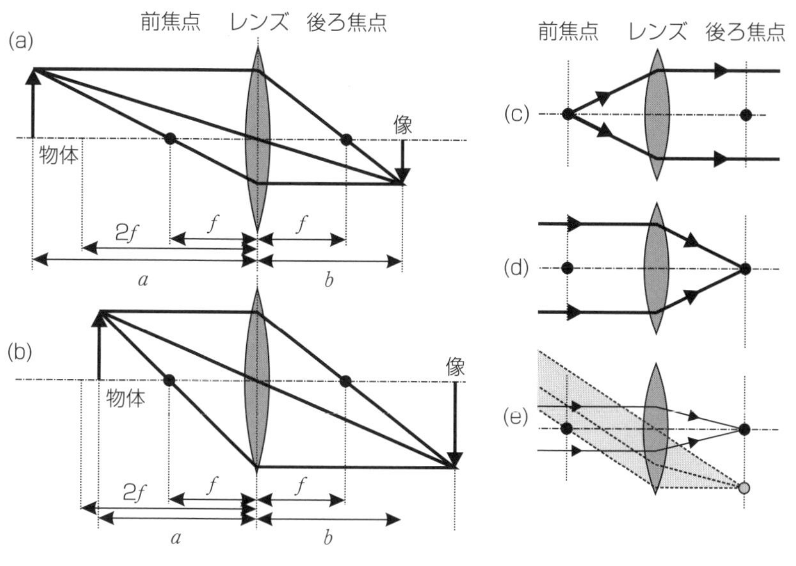

図 2.1 凸レンズの光線図

(a) 像の縮小, (b) 像の拡大, (c) 光線の平行化, (d) 光軸に沿った平行光線, (e) 光軸に対して傾いた平行光線による後ろ焦点面の形成.

物体を焦点の前方（$f < a < 2f$）へ置くと拡大された実像が得られる（図 2.1 (b)）. この範囲で物体を焦点に近づけるほど倍率 M が大きくなるため顕微鏡ではこの条件が用いられるが, 同時に b が大きくなるため, 限られた装置のサイズ内で十分な拡大率を得るためには（焦点距離の短い）強いレンズが必要になる.

2.1.2 後ろ焦点面

上記に加えて, 凸レンズの光軸に対して傾いた平行な光線は焦点と垂直な平面上の１点を通るという性質がある（図 2.1 (e)）. この面は光源に対してレンズを挟んで反対側にあるため後ろ焦点面と呼ぶ. 後述する電子回折法は, 試料で回折された電子線が様々な向きでレンズを通過した際に後ろ焦点面上に形成されるスポット列を観察するものである.

2.1.3
回折収差：理想的なレンズの分解能

図 2.2 で示したように2つの点を近づけた際に，それらが独立した点と認識できる最短の距離を**分解能**と呼ぶ．細部まで標本を区別するには十分な明るさが必要である．レンズが標本から発せられた光（情報）を取り込める範囲（レンズの大きさ）を**開口数**という．実際のレンズは大きさが有限で固定されているため，開口数は光軸上に挿入した絞りで調整する．理想的なレンズの分解能と開口数の関係は式（2.3）で表される．

$$\delta_d = \frac{0.61\lambda}{NA} = \frac{0.61\lambda}{n \sin \alpha} \approx \frac{0.61\lambda}{\alpha} \tag{2.3}$$

δ_d：分解能（m），λ：光の波長（m），NA：対物レンズの開口数

n：媒質の屈折率（真空 $n=1$）

α：対物レンズに入射する光線の光軸に対する最大角度（きわめて小さい）

この式は，波長が長く，絞り径が小さいほど分解能が悪化することを示している．つまり，レンズの性能とは無関係に，光源の波長で分解能の限界が決定される．これは単スリットやピンホールにおいて波長の長い波が回り込む回折現象として知られている．このように波動性によって焦点面上で光波（電子

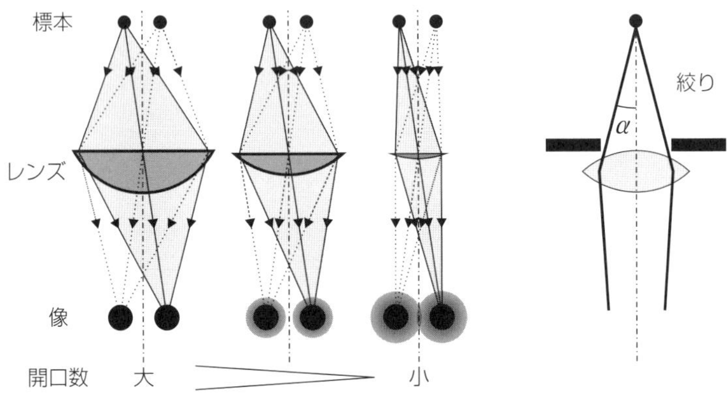

図 2.2 分解能と開口数

波）が広がることに起因する像のボケを，**回折収差**と呼ぶ．回折収差を低減するには，絞りを大きくして，光源の波長を短くする必要があるが，可視光の波長は最短の紫色で約 380 nm であるため，理想的なレンズを用いても到達できる分解能は 0.2 μm 程度である．波長の短い紫外線を用いれば多少分解能は向上するが，ナノ～原子スケールを分解するには不十分である．電子線の波長は光に比べて数桁以上良いため（標準的な 200 kV の装置で 0.00251 nm）高い分解能が可能である．

2.1.4 倍率と分解能

実際に分解された像を観察するためには，蛍光板やディスプレイあるいはフィルム・印画紙上で肉眼の分解能（0.1 mm 程度）以上まで拡大されていなければならない．この時の拡大率を**倍率**と呼ぶが，分解されていない像はどれだけ拡大してもぼけたままである．

2.2 レンズの性能

理想的なレンズの分解能は光源の波長と開口数で決まるが，実際にはレンズの性能に制限される．レンズで集められた光が 1 つの焦点に集まらない現象を言い換えれば，ボケや歪みといった理想的な像からのズレを収差と呼び分解能低下の原因となる．

2.2.1 ザイデル 5 収差

幾何光学系における主な収差は，**図 2.3** に示したザイデル 5 収差である．

球面収差　通常の凸レンズの形状が球面であることに起因して，光軸に沿ってレンズの外側を通る光線ほど強く屈折されることで手前に焦点を結んでしまう現象（**図 2.4**（a）参照）.

コマ収差（軸外）　光軸外の物点から出た光線が像面上の 1 点に集まらず，彗星のように尾を引いた非対称ボケを作る現象.

非点収差　光軸外の物点から出た光線が，レンズに対して同心円方向と直径方向で焦点距離がずれる現象.

像面湾曲　光軸上と光軸外の物点からレンズ中心までの距離が異なることに起因して，像面が平面からずれて曲面となる現象.

歪曲収差　光軸からの距離によってレンズの実際の倍率が変化することに起因

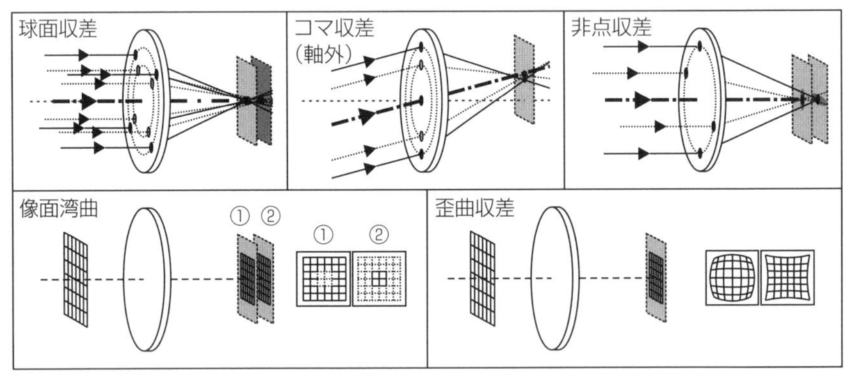

図 2.3　ザイデル 5 収差

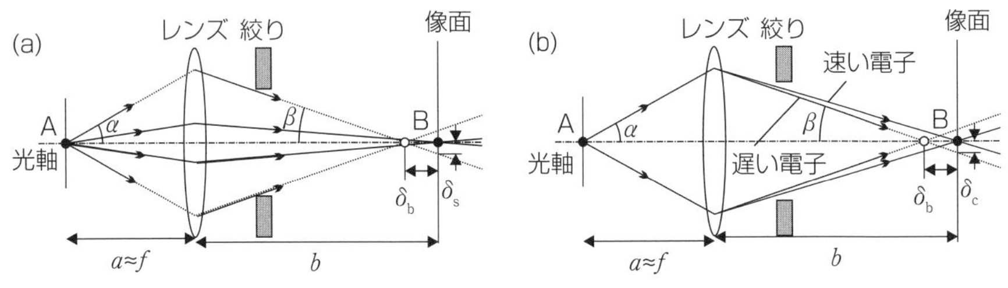

図 2.4　電子レンズにおける像のボケ

δ_b：焦点位置のズレ，δ_s：球面収差による像のボケ，δ_c：色収差による像のボケ.

して像が樽形や糸巻き型に歪む現象.

これらのうち，球面収差・コマ収差・非点収差は像のボケの原因となる．非点収差は補正用のコイルで取り除くことができるが，球面収差（および軸外コマ収差）は電磁レンズが電子線に対して球面レンズとして作用することに由来しており，従来の電子顕微鏡においては原理的に補正が困難であった（現在では球面収差補正装置を用いることで，球面収差の補正も可能となっている）.

これらはレンズ単体における収差であり，実際の光学系では，レンズの組み合わせや光軸のズレに起因する寄生収差の影響も考慮しなければならない.

2.2.2 球面収差係数と像のボケ

球面収差に起因するボケは式（2.4）で示すように開口数αの3乗に比例し，その係数を球面収差係数と呼ぶ.

$$\delta_s = \mathrm{M} C_s \alpha^3 \tag{2.4}$$

δ_s：像のボケ量，M：倍率，α：開口数，C_s：球面収差係数

理想的なレンズにおいては，高い分解能を得るためには開き角を大きくして多くの光線（情報）を取り入れれば良いが，実際のレンズにおいては開き角を大きくすると球面収差の影響でボケ量が大きくなる．実際の分解能は**図 2.5** に示したように回折収差（式（2.3））と球面収差（式（2.4））に起因するボケ量の合成で決まるため，合成ボケ量が最も少なくなる開き角（絞り径）を選択しなければならない．合成ボケ量，最適絞り径および分解能はそれぞれ以下の式で与えられる.

$$合成ボケ量：\delta_{sum} = \sqrt{\delta_s^2 + \delta_d^2} \tag{2.5}$$

$$最適絞り径：\alpha_{opt} = 0.68 \left(\frac{\lambda}{C_s} \right)^{3/4} \tag{2.6}$$

$$分解能：\delta = 1.2 C_s^{1/4} \lambda^{3/4} \tag{2.7}$$

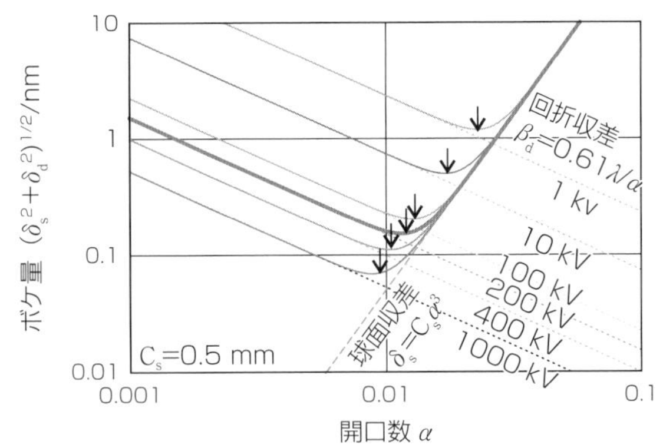

図 2.5 電磁レンズの分解能に及ぼす回折収差と球面収差の影響

↓は最適な絞り径（開口数）におけるボケ量（分解能）.

2.2.3 色収差

電子顕微鏡における電子線の波長は，加速電圧のふらつきや，試料通過に伴う非弾性散乱によるエネルギー損失の影響を受けて一定ではない．その影響でレンズの焦点距離が変動して像がぼけることを**色収差**（図 2.4（b））と呼び，その大きさは式（2.8）で表される．色収差を抑えるには，高安定な電源とエネルギーのばらつき幅が小さい電子銃を用いるとともに，試料を十分薄くして相互作用の確率を小さくする．

$$\delta_c = C_c M\alpha(\Delta E/E) \tag{2.8}$$

δ_c：像のボケ量，M：倍率，α：開口数，
E：加速電圧，ΔE：加速電圧のふらつき，C_c：色収差係数.

2.3 加速電圧と分解能

電子顕微鏡における分解能を改善する最もシンプルな方法は，加速電圧を上げ電子線の波長を短くすることであるが，デメリットもある．

2.3.1 電子線の波長

電子に電界を印加すると静電気力を受け加速される．十分に加速された電子は波動性を示すようになる．相対論補正された電子線の波長 λ は以下の式で表される．

$$\lambda = \frac{h}{p} = \frac{hc}{\sqrt{(2\, m_0 c^2 + \Delta E)\Delta E}} = \frac{1.22643 \times 10^{-9}}{\sqrt{(1 + 9.78475 \times 10^{-7} V_{acc})\, V_{acc}}} \tag{2.9}$$

λ：電子線の波長（m），p：電子の運動量，h：プランク定数，
c：光速，m_0：電子の静止質量，V_{acc}：加速電圧（V）

式（2.9）より，加速電圧を上げれば電子線の波長が短くなることがわかる．つまり，加速電圧の増大に従い分解能も向上する．**表 2.1** は加速電圧と波長の関係を示している．数 kV の低い加速電圧でも電子線の波長は 0.1 nm を切っているが，実際にはサンプルやレンズの性能による制限があるため，材

表 2.1 加速電圧と電子線の波長

加速電圧 (kV)	0.1	1	10	100	200	400	1000	可視光
波長 (Å)	1.2264	0.3876	0.1220	0.0370	0.0251	0.0164	0.0087	380-780 (nm)

料・物質用 TEM の加速電圧は 200–300 kV が標準的に用いられる.

2.3.2 加速電圧の向上と高分解能化

電子顕微鏡が開発されて以降，興味の中心は空間分解能の向上であり続けたが，対物レンズの球面収差による制限のため，高分解能化の基本的なアプローチは加速電圧を上げることであり，加速電圧 1000 kV 超の超高圧電子顕微鏡がいくつも開発され，現在は 3000 kV に到達している．超高圧電子顕微鏡は非常に大型の装置であり，メーカーの工場で組上げることができないため，設置建屋も含めて一点ものとして現場で製造される．超高圧化によって分解能が向上しただけでなく透過能も向上し，高密度の厚い試料も観察できるようになったが，同時に電子線ダメージも顕著となり無視できなくなった．近年，超高圧電子顕微鏡はこの特徴を活用して照射実験にも利用されている．

超高圧化による分解能向上は頭打ちになったが，2000 年代に入り，球面収差補正装置が実用化され，加速電圧 200～300 kV 市販装置においても，超高圧電子顕微鏡を超える分解能（～数十 pm）が得られるようになった.（**図 2.6**）

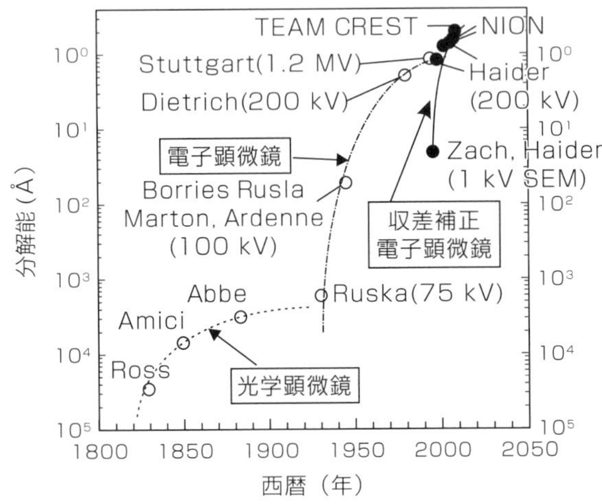

図 2.6 加速電圧の向上と高分解能化[42)]

2.4 物質と電子線の相互作用

電子線は電荷と質量を有しており，可視光（電磁波）と比べて物質に対してはるかに強い相互作用を示す．電子顕微鏡ではこれらの信号を適切な検出器で捉えることで照射位置に応じた試料の材料学的情報を得ることができる．

2.4.1 物質と電子線の相互作用

図 2.7 は，電子線入射によって試料から発生する信号を模式的に示している．信号の実体は，電子，電磁波，電流であるが，これらは入射電子が直接試料外へ放出されたもの，入射電子が失ったエネルギーが電磁波に変換されたも

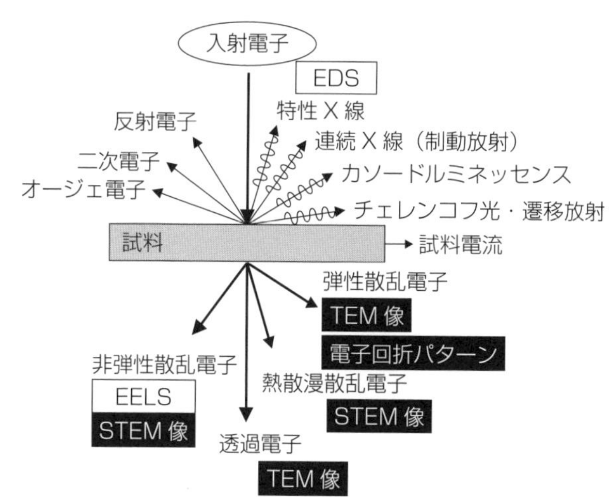

図 2.7　試料と電子線の相互作用

電子顕微鏡内で発生する種々の信号と S/TEM における主な利用方法.

表 2.2 物質と電子線の相互作用で生じる信号と発生原理

実体	信号	発生原理	検出法
電子	透過電子	試料とほとんど相互作用を起こさずに貫通した電子	TEM
	弾性散乱電子	試料の構成原子と衝突しエネルギーを失わずに進行方向を変えた電子	TEM
	非弾性散乱電子	試料を貫通する際に構成原子と衝突し一部のエネルギーを失った電子	EELS
	熱散漫散乱電子	非弾性散乱電子の中で，試料を構成する原子の格子振動（熱振動）を誘起してエネルギーを失ったもの．エネルギー損失が 0.1 eV と非常に小さいため準弾性散乱電子とも呼ばれる．	STEM－HAADF
	反射電子（後方散乱電子）	入射電子が試料内部の原子と衝突し試料後方に散乱（反射）し，空間中に飛び出したもの．入射電子に近いエネルギーを有する．	SEM
	二次電子	電子線の入射によって試料の構成原子の外核電子が弾き飛ばされ，試料表面から放出されたもの．エネルギーが低い（数 10 eV）ため，表面付近からしか発生しない．	SEM
	オージェ電子	電子線の入射によって試料の構成原子が励起され基底状態に遷移する際に差分のエネルギーを持った原子内の電子が試料表面から放出されたもの．比較的軽い元素で生じやすい．	SEM
電磁波	特性 X 線	入射電子によって励起された際に生じた空孔に，より高い準位の外核電子が遷移する際に差分のエネルギーが電磁波（X 線）として放出されたもの．元素ごとに固有の値を有する．	EDS/WDS
	連続 X 線（制動放射）	入射電子が構成原子と衝突して急速に減速された際に発生する電磁波．その値は失ったエネルギーに対応しているため連続的である．EDS のバックグラウンドとして検出される．	EDS
	カソードルミネッセンス	入射電子によって励起された試料の構成原子内の電子が，空孔と再結合するときに発生した電磁波（光）．エネルギー分解能は 10 meV 程度．	SEM-CL
	チェレンコフ光	物質（試料）内を運動する荷電粒子（電子）がその物質中における光速を超えた際に放出される電磁波（光）．	
	遷移放射	荷電粒子（電子）が誘電率の異なる物質（真空と試料）の境界を通過した際に，放出される電磁波．	
電流	電子線誘起電流	電子線の入射によって試料内で発生した正孔・電子対が試料内部の電界で加速されて生じたドリフト電流．	EBIC

の，試料の構成原子の励起に起因して生じた電子や電磁波等，発生メカニズムや信号強度は様々である（**表 2.2**）．S/TEM において主に用いられる信号は透

過電子，弾性散乱電子，非弾性散乱電子，熱散漫散乱電子および特性 X 線である．

2.5 電子線の透過能とダメージ

試料に入射された電子は周囲の原子と相互作用し，方向を変えながら試料の中を進行する．この過程において，電子線は試料中で散乱するとともに，運動エネルギーを失っていく．これは試料内部でのプローブの広がりによる空間分解能の低下と，試料ダメージの原因となる．

2.5.1 試料内における電子線の広がりと分解能

図 2.8 は入射電子の試料内での振る舞いのモンテカルロシミュレーション結果である．低加速電圧では，入射電子は試料内に十分侵入することができず，加速電圧を上げると侵入深さが増して試料を貫通するが，試料内部で大きく散乱する．加速電圧をさらに上げると，試料内で散乱する原子の割合が低下す

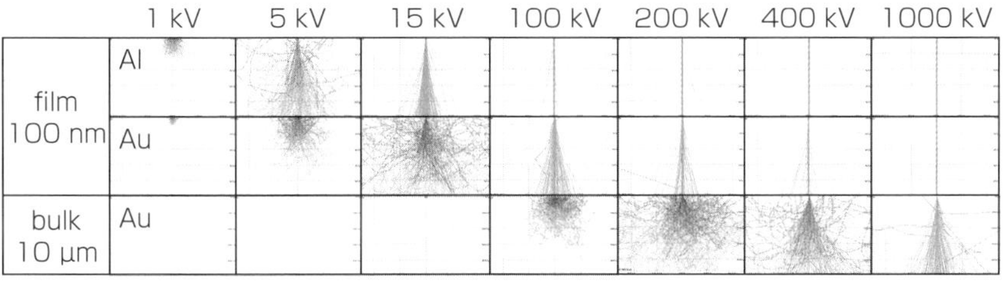

図 2.8 試料内部での入射電子の散乱[41)]

モンテカルロシミュレーションプログラム CASINO による．

る．電子の試料内部における散乱は，試料から放出される信号の放出範囲を広げることで，像観察や各種分析の空間分解能を悪化させる．この影響を避ける方法は，散乱が起こらない程度に低い加速電圧で試料表面のみを測定することである．あるいは，電子線が散乱せずに試料を十分貫通できるよう，高い加速電圧で電子線の透過能を上げるか，試料を薄くする必要がある．なお，試料の密度が高いほど散乱の頻度が上がる．原子番号が小さいアルミニウム（Al）等は通常の加速電圧 200 kV で十分に試料を透過するが，重たい元素では貫通が難しいため，より高い加速電圧か薄い試料が必要になる．

2.5.2 電子線による試料ダメージ（照射損傷）

加速電圧を上げると透過能が向上するため，厚い試料でも観察可能である．しかし，電子線の高エネルギー化は試料ダメージを増大させる．照射によるダメージの内訳は以下の通りである．

①ノックオンによる原子のはじき出し（金属で支配的）

②非弾性散乱に伴うイオン化による化学結合の切断（酸化物・高分子で支配的）

③フォノンによる温度上昇（高分子で特に支配的）（**図 2.9**（a））

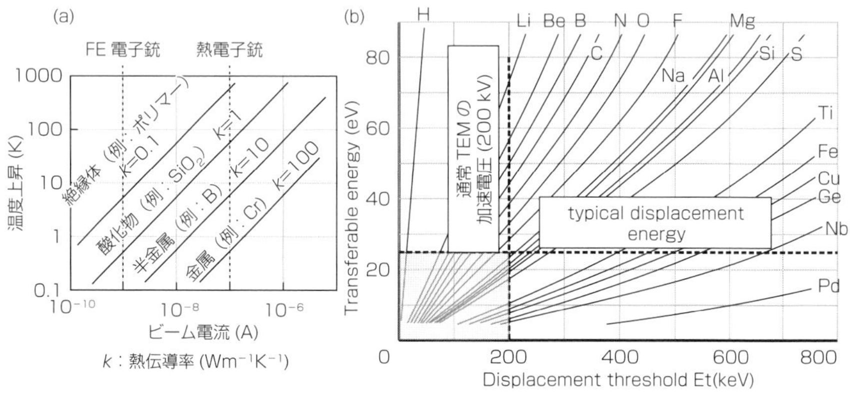

図 2.9　電子線照射による試料ダメージ[40)]

(a) 試料温度上昇，(b) ノックオン．

④欠陥の二次的拡散

これらのうち，③④は試料の熱伝導を工夫し冷却することである程度抑制可能であるが，①は加速電圧を元素ごとのしきい値以下（図 2.9（b））まで下げる，②はドーズ量を減らすしか有効な対策はない．

2.6 結晶と回折

透過電子顕微鏡においてレンズの強さを調整して，対物レンズの後ろ焦点面をスクリーンに投影すると**図 2.10** のような幾何学的な図形を得ることができる．これは，試料内の原子面で入射電子が回折されて形成される電子回折図形（回折パターン）と呼ばれるものである．回折パターンは試料の原子配列を反映しており，解析することで照射領域から局所的な結晶学的情報（結晶構造・結晶方位）を得ることができる．なお非晶質の場合は散漫なリング，単結晶では対称性の高いスポット列，多結晶の場合は複数の粒子からの回折が重畳したパターンがそれぞれ現れる．また，回折現象は顕微法におけるコントラストを

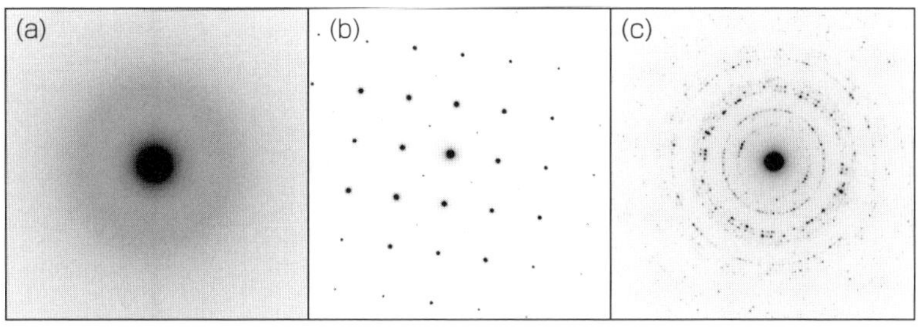

図 2.10 電子回折パターン

（a）非晶質，（b）単結晶，（c）多結晶．

生じさせる上でも重要な役割を果たすため，電子顕微鏡像の解釈を行う上で，結晶と回折現象の理解は欠かせない．本項では電子顕微鏡を利用する上で，最低限必要な結晶学・回折結晶学の基礎の一部を紹介する．これらは高度に完成された科学の分野であり，限られた紙面と筆者の能力では十分に説明しつくすことはできない．優れた教科書や解説は数多く存在するため，詳細は文献に当たってほしい．すでにX線回折を研究で利用されている場合は，共通する点が非常に多いため，電子回折による局所領域の構造解析にも取り組みやすいはずである．

2.6.1 結晶

多くの物質において，原子は周期的に配列され規則性がある．この規則性の単位を単位胞（ユニットセル）と呼び，単位胞が三次元的に繰り返された集合が結晶である（**図 2.11**）．単位胞から原子を取り除いた外形は単位格子と呼び，3つのベクトルで特徴付けられる．空間を隙間なく単位胞で埋め尽くすために取り得るベクトルはいくつかに限られる．このベクトルを幾何学的に分類したものが**7晶系**および**14のブラベー格子**（空間格子）である（**図 2.12**）．

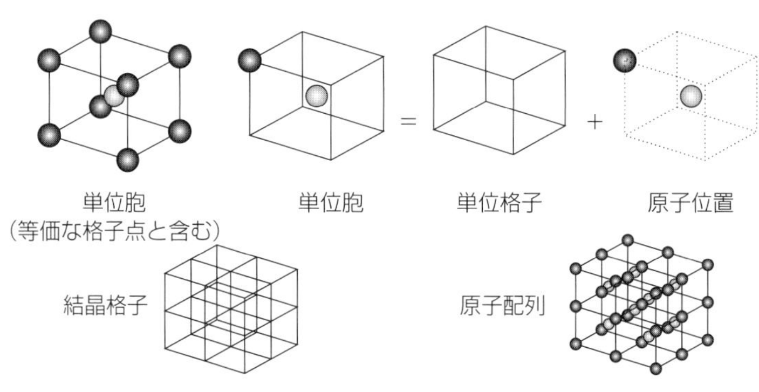

図 2.11 単位胞・単位格子・原子位置

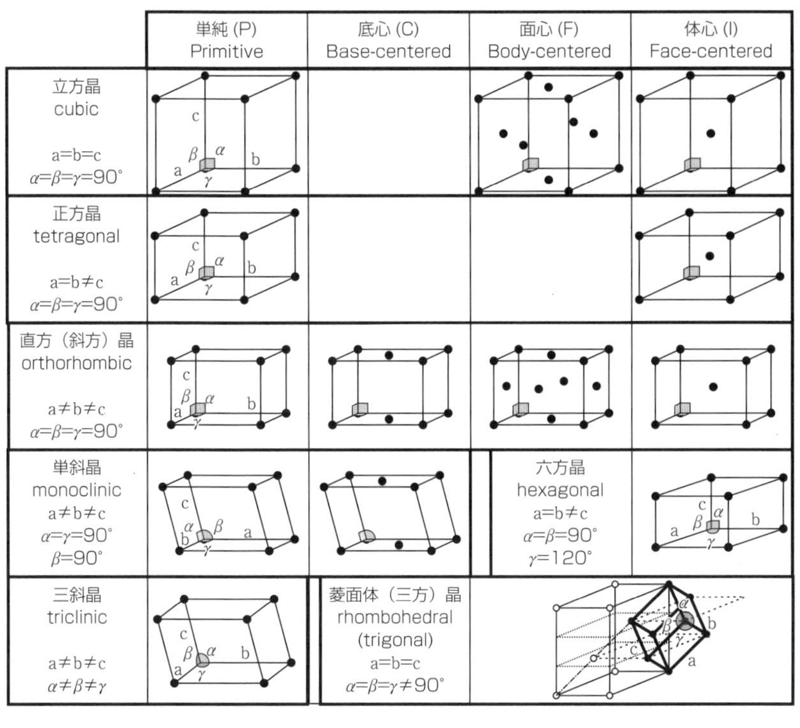

単純 (P)
Primitive
底心 (C)
Base-centered
面心 (F)
Body-centered
体心 (I)
Face-centered
立方晶
cubic
a=b=c
α=β=γ=90°
正方晶
tetragonal
a=b≠c
α=β=γ=90°
直方（斜方）晶
orthorhombic
a≠b≠c
α=β=γ=90°
単斜晶
monoclinic
a≠b≠c
α=γ=90°
β=90°
六方晶
hexagonal
a=b≠c
α=β=90°
γ=120°
三斜晶
triclinic
a≠b≠c
α≠β≠γ
菱面体（三方）晶
rhombohedral
(trigonal)
a=b=c
α=β=γ≠90°

図 2.12　7 結晶系と 14 ブラベー格子

2.6.2 結晶方位の表記法

結晶中で方位を示すには，結晶軸の基本ベクトル **a**，**b**，**c** を基準とした**ミラー指数**を用いる（**図 2.13**）．ここで空間内の任意の点 **r** の座標を u，v，w とすると，式（2.10）が成り立つ．

$$\mathbf{r}=u\mathbf{a}+v\mathbf{b}+w\mathbf{c} \tag{2.10}$$

●**方位指数**　点 **r** の方位は［uvw］と表記される．

●**面指数**　結晶面が結晶軸と交わる点の座標を $\mathbf{a}/h$，$\mathbf{b}/k$，$\mathbf{c}/l$ としたとき（hkl）と表記される．

●通常，指数は整数比で表される．

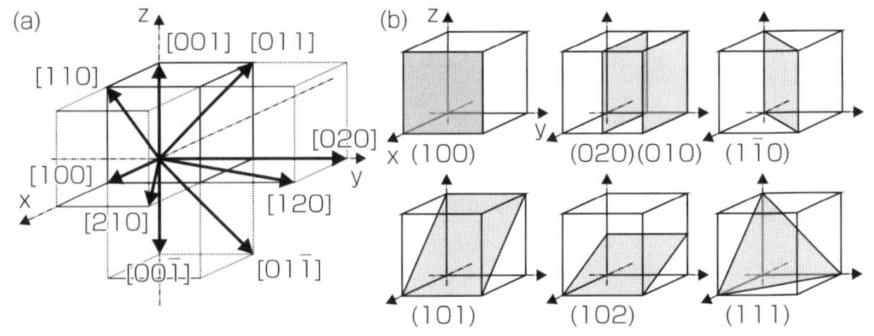

図 2.13 結晶方位・面方位の表示法（ミラー指数の例）

(a) 方位指数，(b) 面指数.

●負の指数は［$\bar{u}vw$］，（$\bar{h}kl$）のように表記する.

●結晶学的に等価な方位・面は＜uvw＞，{hkl} のようにまとめる.

2.6.3 結晶構造の分類

ブラベー格子はユニットセルの空間的な繰り返しに着目した分類だが，恒等・回転・鏡映・反転・回反の点対称操作による分類を点群と呼び，さらにらせん・映進の並進対象操作を加えたものを空間群と呼び，それぞれ 32 種，230 種類存在するが，本書の内容を超えるため詳細は省略する．結晶構造解析はユニットセルの格子（繰り返し単位）とモチーフ（原子位置）を決める作業である．

2.6.4 ブラッグ反射

結晶性の物質に電子線が入射すると，特定の方位に強い反射が生じる．これは，隣接する原子面で反射した電子線が干渉して原子面間隔に対応した経路差によって強め合っているためである（**図 2.14**（a））．この現象をブラッグ反射（回折）と呼びその干渉条件（ブラッグの条件）を次のように書く．

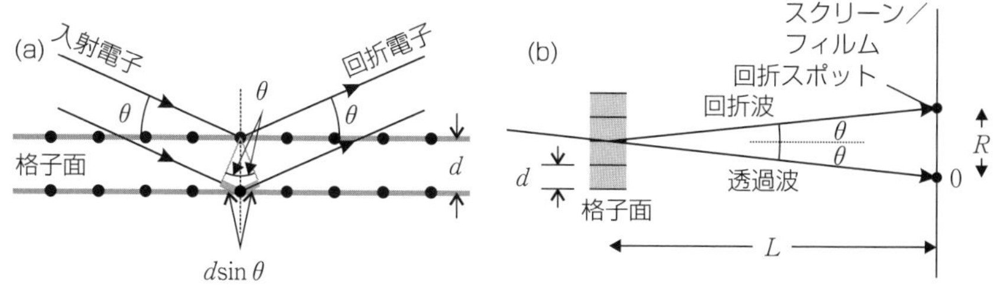

図 2.14　ブラッグ反射と回折パターン

(a) ブラッグ反射，(b) カメラ長とスポット間隔．

$$2d_{hkl}\sin\theta = n\lambda \quad (n：自然数) \tag{2.11}$$

実際の物質においては，様々な面間隔と方位を有する原子面が三次元的に存在しており，冒頭で示したような回折パターン（図 2.10）は試料中で生じたブラッグ反射が重畳したものである．図 2.14（b）に示したように，撮影された回折スポットの間隔を R，結晶面間隔を d_{hkl}，試料からスクリーンまでの距離（カメラ長）を L とすると，実際の θ は非常に小さいため，次の式が成立する．

$$Rd_{hkl} = L\lambda = const. \tag{2.12}$$

ここで $L\lambda$ は定数でありカメラ定数と呼ばれる．かつては既知の d_{hkl} を有する試料のスポット間隔 R をフィルム上で測定し，カメラ長を求めていたが，現在は CCD/CMOS カメラで撮影することが多くなったため，あらかじめカメラの 1 画素が何 nm^{-1} かを求めておき写真にスケールを埋め込む．

2.6.5 逆格子

回折スポットは，原子面と直交する方位に配列し，その間隔は面間隔の逆数配に比例し同一方位・面間隔の原子面を代表したものといえる．原子面は三次元的に存在するため，回折スポットも三次元的に配列される．これを逆格子（reciprocal lattice）と呼び，元の格子は実格子と呼ぶ．実格子と逆格子の基本ベクトルをそれぞれ a，b，c および a*，b*，c* とすると次の関係が成立する．

$$\mathbf{a}\cdot\mathbf{a}^*=\mathbf{b}\cdot\mathbf{b}^*=\mathbf{c}\cdot\mathbf{c}^*=1$$

$$\mathbf{a}\cdot\mathbf{b}^*=\mathbf{b}\cdot\mathbf{c}^*=\mathbf{c}\cdot\mathbf{a}^*=\mathbf{a}\cdot\mathbf{c}^*=\mathbf{b}\cdot\mathbf{a}^*=\mathbf{c}\cdot\mathbf{b}^*=0 \qquad (2.13)$$

$$\mathbf{a}^*=\frac{\mathbf{b}\times\mathbf{c}}{\mathbf{a}\cdot(\mathbf{b}\times\mathbf{c})},\quad \mathbf{b}^*=\frac{\mathbf{c}\times\mathbf{a}}{\mathbf{b}\cdot(\mathbf{c}\times\mathbf{a})},\quad \mathbf{c}^*=\frac{\mathbf{a}\times\mathbf{b}}{\mathbf{c}\cdot(\mathbf{a}\times\mathbf{b})}$$

2.6.6 エバルト球

式（2.11）は実格子空間における表現だが，電子回折で実験的に直接得られるデータは逆格子である．逆格子空間内で逆格子点とともに入射電子の波数ベクトル（$1/\lambda$）の長さの半径を有する円を描くと，逆格子点がこの円と交わる場合に回折条件が満たされる．この円（実際は球）のことをエバルト球と呼び回折現象を幾何学的に理解するために利用される．TEM で使用される電子線のエバルト球は，物質の逆格子点の間隔と比べて非常に大きく，直線（平面）で近似される場合もある（**図 2.15**）．

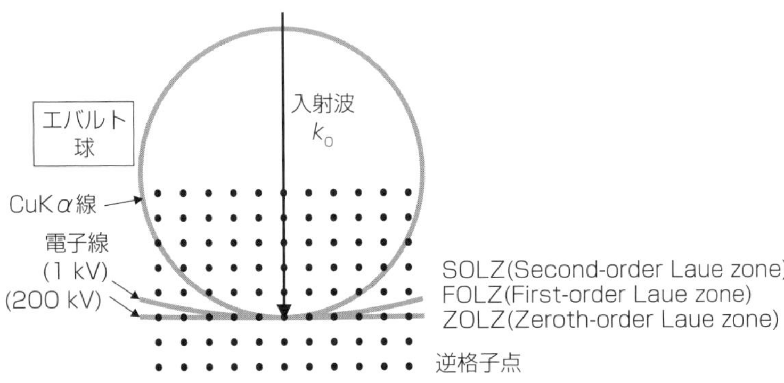

図 2.15 逆格子とエバルト球

エバルト球と交わる逆格子点が励起される．

2.6.7 結晶構造因子

電子線は結晶で散乱されるため，回折波の振幅は結晶構造に依存し，式（2.14）で示す結晶構造因子 $F(\theta)$ に比例する．また，回折スポットの強度は $|F(\theta)|^2$ に比例する．

$$F(\theta)=\sum_j f_j(\theta)\exp(-2\pi i\mathbf{u}\cdot\mathbf{r}_j) \tag{2.14}$$

$\mathbf{r}_j$：原子位置，$f_j(\theta)$：原子散乱因子（後述）

$$\mathbf{u}=u\mathbf{a}^*+v\mathbf{b}^*+w\mathbf{c}^* \tag{2.15}$$

$\mathbf{u}$：逆格子ベクトル

2.6.8 原子散乱因子

物質に入射した電子は，結晶内の原子を構成する原子核と周囲の電子雲が作る静電ポテンシャルの作用を受けて散乱する．この時，1つの原子がどのように電子線を散乱させるかを原子散乱因子 $f(\theta)$ と呼び，式（2.16）で表す[6)]．

$$f(\theta)=\frac{\left(1+\frac{E_0}{m_0c^2}\right)}{8\pi^2a_0}\left(\frac{\lambda}{\sin\frac{\theta}{2}}\right)^2(Z-f_x) \tag{2.16}$$

E_0：電子線のエネルギー，$a_0=\frac{h^2\varepsilon_0}{\pi m_0e^2}$：ボーア半径，

Z：原子番号，θ：散乱角，f_x：X 線散乱因子

実際の計算においては試料による吸収も考慮した以下の近似式が用いられる[7)]．

$$f(\theta)=\sum_{i=1}^{n}a_i\exp(-b_i\theta^2) \tag{2.17}$$

図 2.16 は式（2.17）で求めた散乱因子の例であり，元素が重く，また散乱角が低いほど大きくなる傾向があることがわかる．

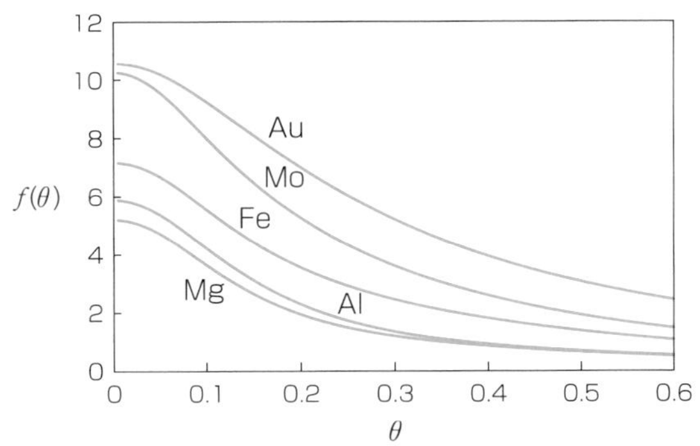

図 2.16 元素種と散乱角の違いによる原子散乱因子の変化

2.6.9
形状因子とサイズ効果

逆格子内の点における回折スポットの強度は以下の式で示される．

$$I(u,v,w) = |F(\theta)|^2 \left\{ \frac{\sin(A\pi u)}{\sin(\pi u)} \right\}^2 \left\{ \frac{\sin(B\pi u)}{\sin(\pi u)} \right\}^2 \left\{ \frac{\sin(C\pi u)}{\sin(\pi u)} \right\}^2 \qquad (2.18)$$

ここで，A，B，C は結晶軸に沿った単位胞の個数である．

詳細は省略するが，この式より結晶粒のサイズが小さくなると，回折スポットのサイズが広がり，薄板のように結晶粒に異方性がある場合，回折スポットが直交する方向へ引き延ばされることがわかる．

実際の実験において回折スポットは厳密にブラッグ条件を満たさない場合においても観察される．これは逆格子点が面積をもたない点ではなくある程度の範囲に広がっているためと考えることができる．この逆格子点の広がりは，結晶サイズが有限であることに起因する．

2.6.10
消滅則

式 (2.14) において原子 j の座標を $\frac{x_j}{a}$，$\frac{y_j}{b}$，$\frac{z_j}{c}$ とすると，以下のように表される．

$$F_{hkl}=\sum_j f_j(\theta)\exp\left\{-2\pi i\left(h\frac{x_j}{a}+k\frac{y_j}{b}+l\frac{z_j}{c}\right)\right\} \tag{2.19}$$

（対称心あり）

$$F_{hkl}=\sum_j f_j(\theta)\cos\left\{2\pi i\left(h\frac{x_j}{a}+k\frac{y_j}{b}+l\frac{z_j}{c}\right)\right\} \tag{2.20}$$

ここで $F_{hkl}=0$ の場合，回折スポットは強度をもたない（現れない）．

例として BCC 格子では $h+k+l=2n+1$（n は整数），FCC 格子では hkl のいずれか 1 つのみ奇数か偶数の場合に $F_{hkl}=0$ となる．このような hkl の組み合わせを消滅則と呼ぶ．消滅則は空間群によって異なるため，実験的に消滅則を求めることで空間群を絞り込むことができる．

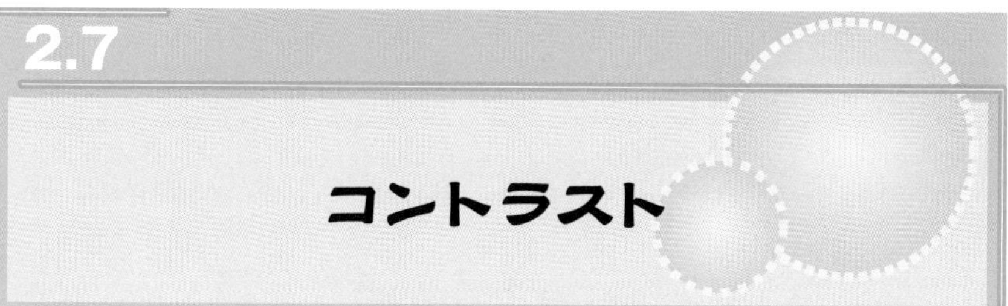

2.7 コントラスト

ものを見分けるためには，分解能が十分であることに加えて，対象物と周辺の明るさ（信号強度）に「差」があることが必要であり，これを「コントラスト」と呼ぶ．透過電子顕微鏡では構成元素や結晶構造の違いや格子欠陥に起因するコントラストを利用できる（**表 2.3**）．

表 2.3 透過電子顕微鏡におけるコントラスト

結像法	コントラスト	信号	コントラストの起源	像の特徴
TEM 像（※）	散乱吸収コントラスト	透過波	非弾性散乱に伴う吸収（遮蔽）	高密度で厚い領域が暗く見える.
明視野像	回折コントラスト	透過波	ブラッグ回折	回折条件を満たした領域が暗く見える.
暗視野像	回折コントラスト	回折波	ブラッグ回折	回折条件を満たした領域が明るく見える.
高分解能像	位相コントラスト	透過波＋回折波	透過波と回折波の干渉	試料原子のポテンシャル分布に対応したコントラスト. デフォーカスや膜厚に応じて明暗が反転する.

※電子線で試料を透過観察した通常の像. TEM像という呼び方は, 他の結像法で得られたものも含む.

2.8 電子光学系

電子顕微鏡像や回折パターンは, 電子顕微鏡の鏡筒に組み込まれた多数のレンズ・補正コイル・絞り等の電子光学要素の働きによって得られるものである. TEM を操作することは, 電子光学系の作用を調整することである. したがって, TEM を使いこなし, 得られたデータを正しく解釈するためには, 電子光学系の働きを正しく理解し, 適切にコントロールする必要がある.

2.8.1 光線図

図 2.17 は像モードと回折モードにおける光線図を示している. TEM ではレンズの励磁電流を調整してレンズ作用の強さを変えられるため, 複数のレン

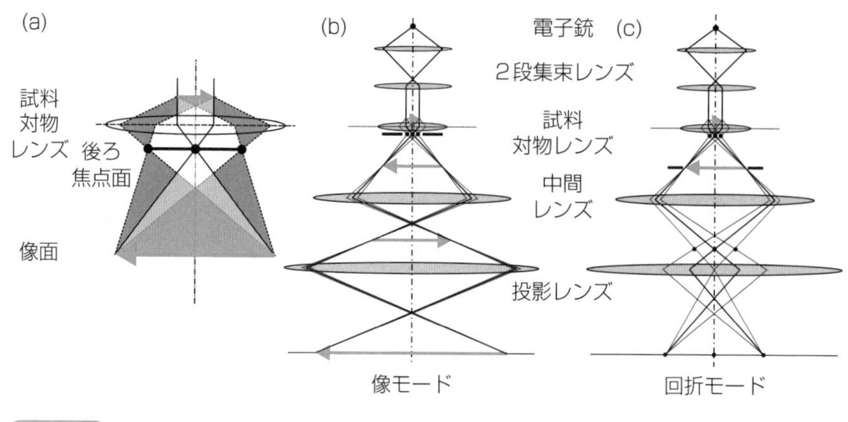

図 2.17 TEM の光線図

(a) 対物レンズによる像・回折パターン形成, (b) 像モード, (c) 回折モード.

ズの焦点距離を適切に組み合わせることで，様々な倍率や観察モードを選択できる．注意する点はこの光路図は理想的な状態であり，通常は焦点距離や光軸がずれているため，適切に補正しながら観察を行う必要がある．

2.8.2 焦点合わせと軸調整

電子顕微鏡においてレンズの位置は固定されているため，焦点合わせは，励磁電流か試料位置の微調整で行う．光軸がズレたり，傾いている場合は光線図通りに電子線が進行しないため，偏向コイルを用いて調整を行う．なお，実際の電子線の経路そのものを直接確認することはできないため，スクリーンに映し出された像や回折パターンから，光学系の状態を推測して正しい状態で観察できているかを判断する必要がある．

2.8.3 軸ズレの要因

実際の光学系では，機械的な加工精度の問題や，レンズ・偏向コイル同士の取り付け位置のわずかなズレ，レンズやコイルの磁気ヒステリシスの影響で設計上の光軸からズレが生じる．光学要素が追加されるほど軸調整は困難になるが，良質なデータを得るためには正しく調整された装置を使用することが不可欠である．軸調整は装置管理者が行うことが多いが，実験中の操作次第で観察中にも軸ズレは生じるため，実験操作に慣れてきたら基本的な軸調整を修得しておくことを推奨する（装置管理者も面倒が減るので歓迎してくれるはず）．

2.8.4 平行照射と臨界照射

TEM 観察における明るさは集束レンズの強度（焦点距離）で調整できる．ビームを絞れば明るく，広げれば暗くなる（**図 2.18**）．像の明るさ調整は，この方法を使用するが，S/TEM の像解釈理論は平行照射もしくは試料上でビームを絞った臨界照射が前提となっているため，集束レンズの強度が中途半端な場合は，ビームの平行性が失われ，像解釈上の問題となる場合がある．厳密な像解釈が必要な場合には照射条件を考慮する必要がある．

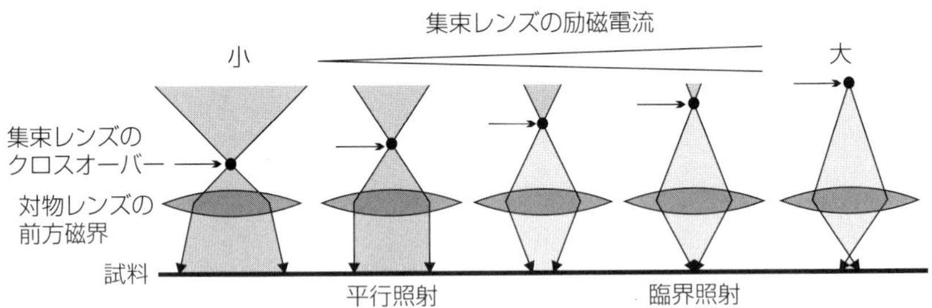

図 2.18 平行照射と臨界照射

Chapter 3

ハードウェア

顕微像，電子回折パターン，スペクトル等の実験データは電子顕微鏡が適切に動作した結果として得られる．データの精度や信頼性・装置の操作性を良い状態に保つためにはハードウェアに関する知識が必要となる．また，装置の機能や性能はハードウェアの仕様によって大きく変化するため，実験に応じて適切な構成の装置を選択する必要がある．実験の結果や論文に掲載されているデータの良否を判断する場合でもハードウェアに関する知識は役に立つ．本章では，電子顕微鏡を構成するハードウェアの基礎および正常動作のために重要となる設置環境について解説する．

3.1 電子顕微鏡の構成

図 3.1 および**図 3.2** は典型的な TEM の外観と構成を示している．規模が大きく少々複雑だが，電子線の経路，すなわち電子光学系を構成する鏡筒を中心に考えると捉えやすい．基本的な TEM の構成要素は以下の通りである．

（鏡筒）

①電子銃と加速管を納めた電子銃室

②試料に照射する電子ビームを形成する照射系レンズ・コイル群

③像や回折パターンを形成する対物レンズ

④試料の導入・移動機構，および，対物レンズを納めた試料室

⑤対物レンズで形成された像を拡大投影するための結像系レンズ・コイル群

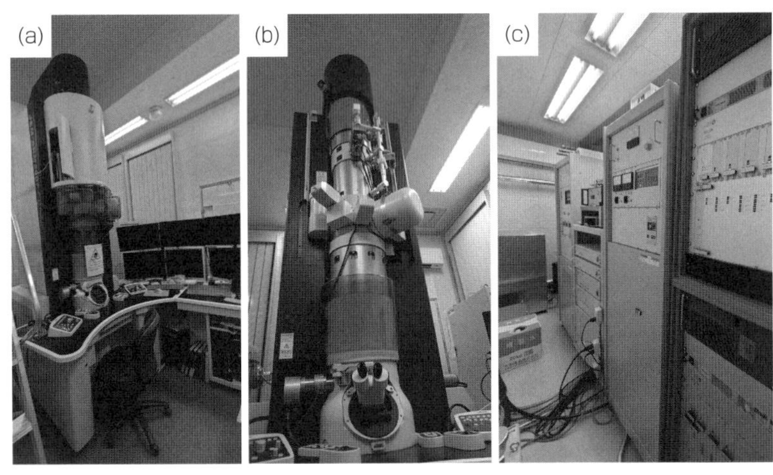

図 3.1 TEM の外観

(a) 本体・設置室，(b) 鏡筒（カバーを外した状態），(c) 機械室内（各種電源ユニット等）．

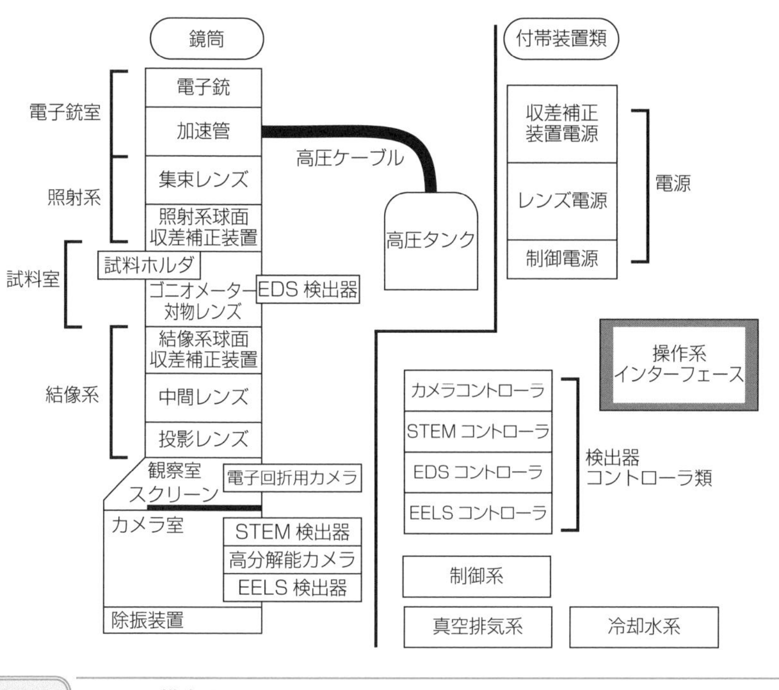

図 3.2 TEM の構成図

⑥観察・記録を行うためのスクリーンや検出器を納めたカメラ室

(鏡筒以外)

⑦加速電圧を発生するための高電圧発生装置

⑧鏡筒を真空に保つための真空排気系

⑨レンズ等で発生した熱を除去するための冷却系

⑩レンズを動作させるためのレンズ電源

⑪カメラ・検出器のコントローラ

⑫電子顕微鏡全体の動作を調整する制御系

⑬分析装置等の各種周辺機器

顕微鏡本体に加えて，除震装置や空調等，設置環境に関わるものや，試料作製装置類もハードウェアとして重要である．

3.2 電源

電子線を加速するためには非常に高い負電圧を発生させる必要がある．また，設計通りの分解能を得るには，電子光学系の動作と電子線が十分に安定でなければならない．したがって，電子顕微鏡の電源回路には高い性能が求められる．

3.2.1 高電圧発生装置

一般的なトランスによる昇圧においては，変換の際の電力損失に伴う発熱を除去するために絶縁油等で冷却しなければならず大型化が避けられない．実用

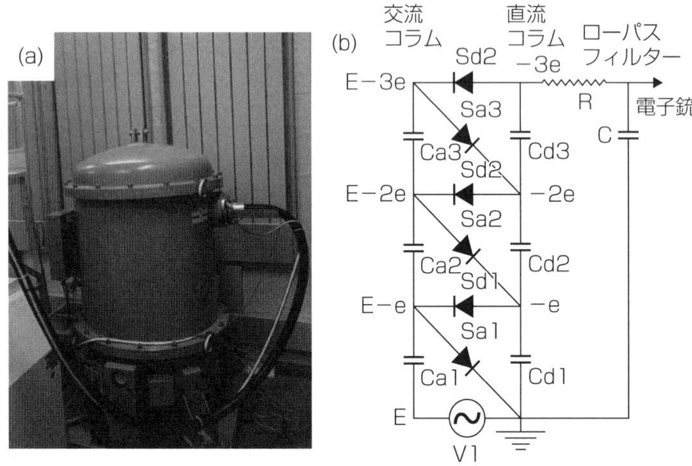

図 3.3 高圧タンク

(a) 外観（高圧ケーブルで鏡筒へ接続）(b) 3 段 CW 昇圧回路[39]．

的な電圧は 100 kV 程度にとどまるため，より高い加速電圧が必要な場合はコンデンサと整流器を組み合わせたコッククロフト・ウォルトン（CW）回路が用いられる（**図 3.3**（b））．CW 回路は入力した交流電圧を 2 倍の直流電圧に変換して取り出せる．回路の段数 n を増やすことで増幅率を 2 n 倍にできるため，小型で取り扱いやすい増幅装置として広く用いられている．初段に入力する交流電圧はトランスで昇圧され，これらは絶縁のための SF_6 ガス充填した高圧タンク（図 3.3（a））に納められる．

3.2.2 電源の安定度

加速電圧やレンズ電流の変動は色収差の原因となり，分解能の悪化につながる．電源の安定度と色収差の関係は以下の式で表される[8)]．

$$\delta_c = C_c \cdot \alpha \sqrt{\left(\frac{\Delta E^2}{E}\right) + \left(2\frac{\Delta I}{I}\right)^2} \ll \delta \tag{3.1}$$

δ_c：色収差，C_c：色収差計数，
α：対物レンズへの電子線入射角，δ：所用分解能，
E，ΔE：加速電圧とその変動，
I，ΔI：対物レンズの励磁電流とその変動

上式において加速電圧安定度は $\frac{\Delta E}{E}$，レンズ電流安定度は $\frac{\Delta I}{I}$ に対応する．現在の TEM で要求される安定度は 10^{-6} 程度であり，撮影条件の設定から撮影完了までの 1 分程度持続する必要がある．

3.3 電子銃・加速管

電子銃は電子を発生するユニットであり電子顕微鏡の主要な構成要素である．電子銃において発生した電子は，加速管を通過しながら加速電圧を印加されて電子線となる．電子銃の形式は電子の引き出し方によって，熱電子放出型，ショットキー型および電界放出型（Field Emission Gun：FEG）に大別され，電界放出型はさらに冷陰極型と熱電界放出型に分類される．

3.3.1 電子銃の性能指標

表 3.1 は電子銃の形式ごとに主な特性をまとめたものである．項目はいくつもあるが，データ品質に直接影響する特に重要な性能指標は，輝度，エネルギー幅，仮想電子源サイズである．

表 3.1 電子銃の方式と特徴

形式	フィラメント	輝度 (A/cm^{2}sr)	エネルギー幅 (eV)	仕事関数 (eV)	電子源サイズ (μm)	動作温度 (K)	必要真空度 (Pa)	安定度 (%/hr)	寿命
熱電子型 (TEG)	W ワイヤ LaB_6	10^4 10^6	3 1.5	4.6 2.7	~50 ~10	2600 1900	10^{-3} 10^{-5}	<1	100 hr 500 hr
ショットキー型 (SEG)	W 単結晶 +ZrO	10^8	0.5	4.6	~0.1	2000	10^{-7}	<1	2 年
冷陰極電界放出型 (CFEG)	W 単結晶	10^9	0.2	4.3	~0.01	室温	10^{-9}	~5	3~5 年

①**輝度** 電子線の明るさであり，単位面積（立体角）あたりの電流で示される．電子顕微鏡における情報媒体の量そのものである．輝度が高ければ，信号量が増え，測定時間・S/N が改善されるため，平行ビームを用いる TEM および収束ビームを用いる SEM/STEM のいずれにも有利である．

②**エネルギー幅** 電子銃から放出された電子の初速のばらつきである．電子線の波長に幅を持たせるため，色収差による空間分解能低下の原因となる．電子線のエネルギーを測定する EELS のエネルギー分解能に直接影響する．

③**電子源サイズ** 電子銃のもつクロスオーバー（仮想電子源）の広がりであり，小さいほど平行ビームの干渉性が良くなり，収束ビームのプローブ径を絞ることができる．

以上に挙げた指標のほかに，動作の安定性，メンテナンス性，寿命，コストの項目を考慮して電子銃の種類を選択する．

3.3.2 電子銃の形式

図 3.4 は現在電子顕微鏡に使用されている主な電子銃の模式図である．主な形式は，①熱電子型，②ショットキー型，③冷陰極型である．以下に，現在はあまり使われなくなった④熱電界放出型とあわせて，それぞれの特徴を示す．

①**熱電子型**（Thermal Emission Gun：TEG） 陰極（タングステンフィラメントや LaB_6 単結晶チップ）を 2500 K 程度に加熱して内部電子に運動エネル

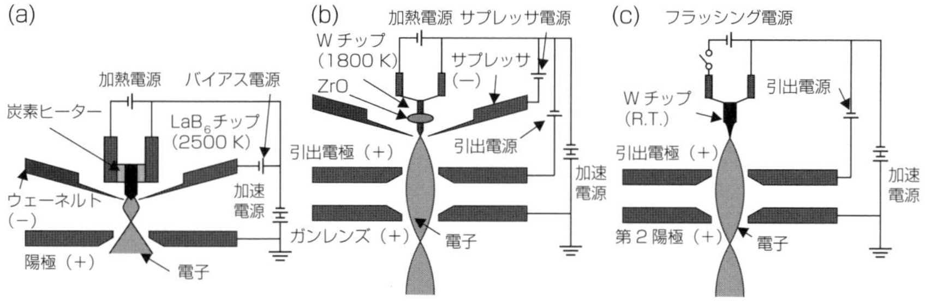

図 3.4 電子銃模式図

(a) 熱電子型，(c) ショットキー型，(b) 冷陰極電界放出型．

ギーを与えて熱電子を放出させる電子銃．放出電子量の制御とクロスオーバー（仮想電子源）形成のために陰極の下には数百Vの逆電位（バイアス電圧）のかかったウェーネルト電極が設置される．使用時のみ通電加熱して用いられる．

②**ショットキー型**（Schottky Emission Gun：SEG） 引出電極により物質に強い電界を印加するとポテンシャル障壁が下がる現象（ショットキー効果）を利用して，熱電子を放出しやすくした電子銃．1800 K程度の加熱で電子を引き出すため，加熱型FEGと呼ばれることもあるが，トンネル効果を利用していないため，厳密には電界放出型ではない．熱電子型に比べて，電子源サイズが小さく，輝度が高くエネルギー分解能が良いため，高分解能観察やEDSによる元素分析に適している．単結晶W陰極の表面は仕事関数を下げるためにZrOで被覆されている（蒸散分はZrO溜から供給される）．電極下に設置されたサプレッサには逆電位がかかっており，Wチップ先端以外からの不要な熱電子放出を抑制する．ビームを安定させるために陰極は常時加熱されている．ZrOが枯渇すると寿命となる．

③**冷陰極型**（Cold-cathode FEG：CFEG） 先端を針状に絞ったW陰極に常温下で強い電界をかけてトンネル効果で電子を引き出す形式の電子銃．加熱を伴わないため，放出電子のエネルギー幅が狭く，エネルギー分解能が必要なEELSに適している．また電子源サイズが小さいため平行ビームの干渉性が良好なため電子線ホログラフィーに必須である．なお，輝度は高いが，プローブ電流は大きくできない．また，エミッタの表面温度が低いため，残留ガスによる汚染で照射電流が低下するため，頻繁なフラッシング（短時間の通電加熱（2000℃～））が必要である．したがって，安定したプローブ電流による長時間照射が必要な分析やEBSDには不向きである．フラッシングによってチップ先端が丸くなるにつれて，必要な引出し電圧が増大し，最終的に電子を放出しなくなるが，超高真空化や低温（～1000℃）フラッシングで長寿命化できる．

④**熱電界放出型**（Thermally assisted FEG：TFEG） W電極を1600 K程度まで加熱しポテンシャル障壁の幅を狭くした上で強電界を印加して，トンネル効果により電子を引き出す方式の電子銃．熱電子型と冷陰極型の中間の特

性を有するが，SEG に取って代わられたため現在はほとんど使用されない．

3.4 レンズと補正コイル

電子光学系におけるレンズ作用や偏向作用は，静電気力やローレンツ力によって電子線の経路が変えられることに起因する．

3.4.1 磁界レンズ（電磁レンズ）

図 3.5 は電子顕微鏡に用いられる磁界レンズを模式的に示している．コイルで発生した磁束はヨークを通り，ポールピースでまとめられて切り欠き部

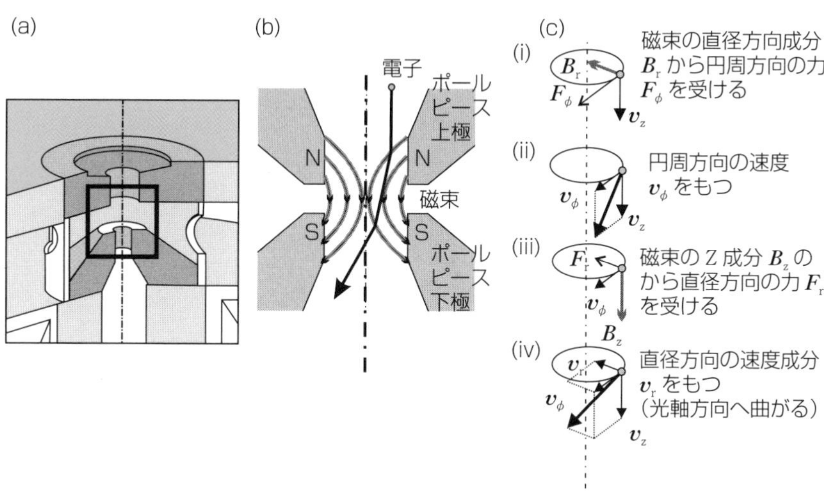

図 3.5 レンズ模式図

(a) 磁界レンズ断面図，(b) ポールピース拡大図，(c) 動作原理．

（ギャップ）から真空中に漏れ出し，光軸に沿った磁場を形成する．この磁場に突入した電子が以下の式で示すローレンツ力$\boldsymbol{F}$を受けて光軸方向へ曲げられることでレンズ作用が生じる（図3.5（c））．

$$\boldsymbol{F} = -e(\boldsymbol{E} + \boldsymbol{v} \times \boldsymbol{B}) \tag{3.2}$$

$\boldsymbol{B}$：磁界，$\boldsymbol{E}$：電界，$\boldsymbol{v}$：電子の速度，e：電気素量

ここでは簡単のために，レンズ作用に寄与する部分（電子を光軸方向へ曲げる力）について説明を行う．実際に電子が受ける力と軌道は少し複雑である．特に，電子はレンズを通過中には常に三次元的な力を受けてらせん状の軌道を通るため，磁界レンズにおいては「**必ず像面が回転**」する特徴がある[3)]．

なお，高倍率を得るためには，磁束密度を高くすることで電子線を強く曲げて焦点距離を短くする必要がある．このため，ポールピースの間隔は非常に狭くなっている．

3.4.2 電界レンズ

電子線を曲げるためには電界を使用することも可能である．磁界レンズのように像面の回転が生じないメリットがある．ただし，高い倍率を得るために強い電界をかけると絶縁が問題になり，磁界レンズと比べて収差が大きいため，結像に使用されることは少ない．

3.4.3 偏向コイル

電子線を傾斜したり平行移動したりしてアライメント調整するためには光軸と直交する面上に対向して配置された偏向コイルを用いる（**図3.6**（a））．偏向コイルはコイル面内に光軸と直交する一方向の磁場を発生させる．電子線はこの磁場を通過する際に光軸と直交するローレンツ力を受けて偏向される．コイル一段では電子線は傾斜されて照射位置がずれてしまうため，二段構成にしてスクリーン上での傾斜と平行移動を実現している（図3.6（b））．

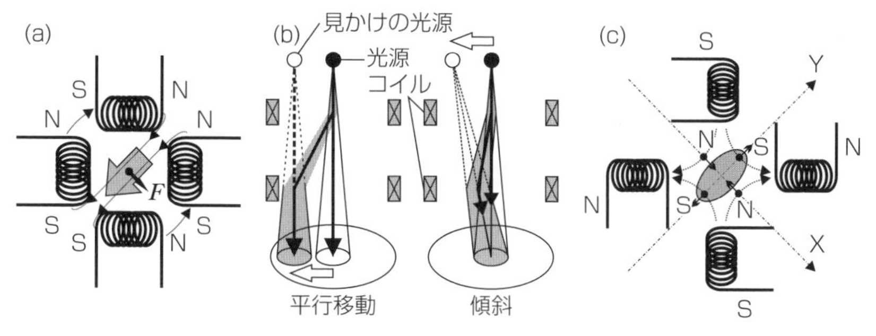

図 3.6 偏向コイルと非点補正コイル

(a) 偏向コイル，(b) 二段偏向によるビームの平行移動と傾斜，(c) 非点補正コイル.

3.4.4 非点補正コイル

磁極が対向するようにコイルを配置すると，電子線は通る位置に応じて向きの異なるローレンツ力を受けることになる（図 3.6 (c)）. 結果として，直交する 2 方向の焦点距離が変わり非点収差が補正される.

3.4.5 ヒステリシスと軸ズレ

磁界レンズや偏向コイルに使用される電磁石は磁気ヒステリシスを示すため，同じ励磁電流でもレンズ作用・偏向作用の大きさが異なる. その結果ビームの位置の再現性に影響する. 集束レンズや中間レンズは電子顕微鏡の機能発現のために励磁電流を大きく頻繁に変更するため，影響が大きい.

長時間停止した後や TEM⇔STEM を切り替えた場合，低倍観察のために対物レンズを OFF にした場合などは顕著に軸ズレが生じる. 現行の電子顕微鏡は自動消磁機能を備えているが，ヒステリシスをゼロにすることはできないため，良質なデータを得るには頻繁にアライメントを確認する癖をつけておくと良い.

3.5 電子光学系 1・照射系

照射系は試料の上方の一連のレンズ・コイル・絞り群からなる．レンズ・絞り群は，電子線を集束して電流密度（明るさ）と照射面積および収束角の調整(平行照射・収束照射の切替）を行うことで観察に適したプローブを形成する．コイル群は，試料に対して所望の位置・角度でプローブを入射させる役割を担当する．

3.5.1 照射系レンズの基本的な役割

照射系レンズの基本的な役割は，電子銃が形成したクロスオーバー（仮想電子源）を試料面に転送（照射）することである．この際，明るさ・照射面積・照射角を調整するために複数のレンズや絞りを組み合わせるが，実装の方式はメーカーや機種ごとに違いがある．

クロスオーバーの縮小　TEM 高分解能観察のために必要な，平行度の高いビームを得るためは，仮想電子源のサイズは十分に小さくなければならない．集束レンズ絞りで照射角を制限して平行度を上げることはできるが，遮蔽された分だけビームが暗くなる．STEM 観察においても，分解能を向上させるにはできるだけプローブ径を小さくしかつ電流密度を大きくする必要がある．熱電子型電子銃のクロスオーバーは数十 μm と大きいため，初段のレンズで 1/1000 程度に縮小する．電界放出型の場合の電子源サイズが 10 nm 程度と十分に小さいため，縮小率は小さい（使用しない場合もある）．

3.5.2
実際の照射系

照射系の基本は上述のとおりであるが，実装上の問題や多機能化・高性能化のためにいくつかのレンズ・コイル群が追加されている．**図 3.7** は実際の電界放出型電子銃を備えたS/TEM機において照射系を構成するレンズ・コイル群を示している．

① **CO（Condenser-Objective）レンズ**　対物レンズが作り出す磁場は非常に強いため，試料を挟んで2枚のレンズとして振る舞い，試料上方の前方磁場が集束レンズとして作用する．これを利用すると，対物レンズの励磁を変えずにTEMモードとプローブモードを切り替えることができる．前方磁界に入射した電子線は1/100程度に大きく集束され試料面で微小プローブを形成するため，CBEDや分析領域の微小化に必須である．

②**集束ミニレンズ**　COレンズを高分解能TEM観察で使用するには平行ビー

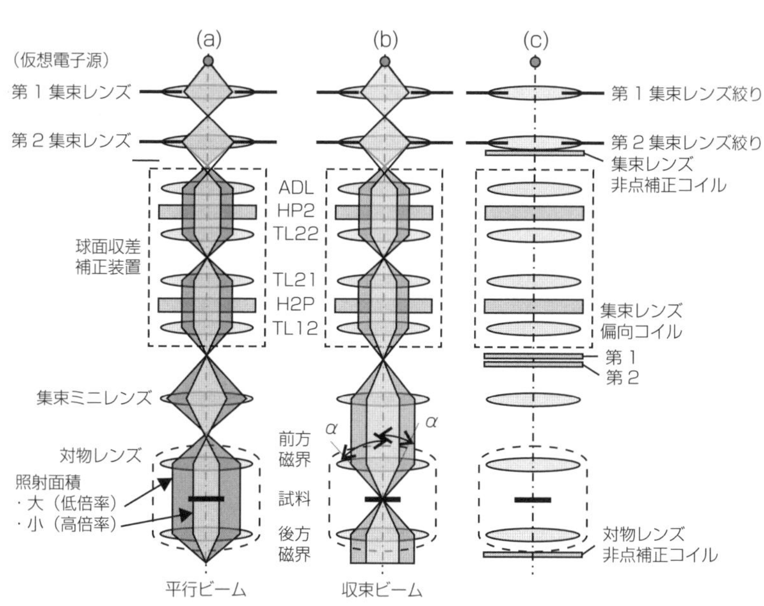

図 3.7　**照射系模式図**[9)]

(a) 平行照射，(b) 収束照射，(c) 偏光コイルと非点補正コイル．
図には球面収差補正装置のレンズ群も示している．

ムを得るために必要な励磁が大きくなるため，対物レンズの上方に設置したミニレンズを組み合わせて観察に適した収束角・照射面積に調整する．ミニレンズの励磁を強くすると平行照射になり，TEM による像観察や制限視野電子回折法に用いる．集束ミニレンズの励磁を弱くすると収束角が大きく，STEM，CBED，分析向けの微小領域照射となる．

③**偏向コイル・非点補正コイル**　集束レンズの非点収差を取り除く補正コイルと電子線の入射位置・角度を調整するための偏向コイル

④**集束レンズ絞り**　集束レンズと組み合わせて，ビームの開き角と照射量を調整するための絞り

⑤**球面収差補正装置**　集束レンズの球面収差係数を補正してきわめて微小な電子線プローブを得るための補正用レンズ・コイル群

3.6 電子光学系 2・対物レンズ

対物レンズは鏡筒中央部の試料室内に置かれ，試料と対向して最初の像を造る，電子顕微鏡の性能を決める最重要パーツである．対物レンズには電子線の経路以外に，試料や対物絞り，EDS 検出器等を配置するスペースも必要である．したがって，複雑で精密な設計と加工が要求される．

3.6.1 ポールピースと分解能

図 3.8 に対物レンズの例を示す．電磁レンズの球面収差係数はギャップが狭いほど小さくなるため，高分解能観察にはギャップの狭いポールピースが有利である．しかしポールピース間には，試料を導入して傾斜したり，対物絞りを挿入したりするためのスペースが必要であり，分解能とのトレードオフとな

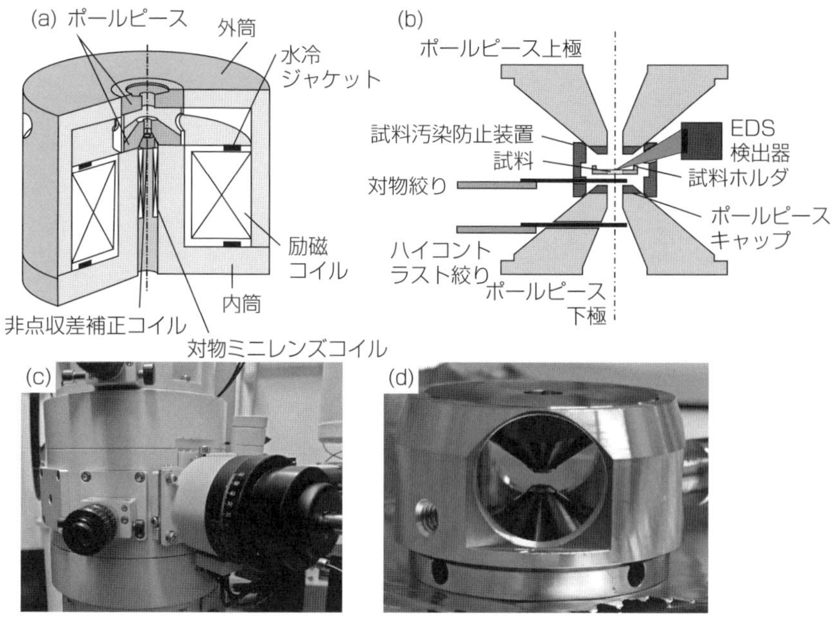

図 3.8 対物レンズ

(a) 対物レンズ組み立て例, (b) ポールピース模式図, (c) 試料室外観, (d) メンテナンスで取り出したポールピース.

る. 特殊な機能を追加した試料ホルダーはサイズが大きくなりやすいため, 分解能か傾斜角のどちらかを犠牲にすることが多い. したがって観察目的に応じて様々なポールピースが使い分けられる (**表 3.2**). 対物レンズを簡単に交換

表 3.2 対物レンズにおけるポールピースの違い

構成	超高分解能	高分解能(多目的)	高傾斜	ハイコントラスト
点分解能 (nm)	0.194	0.23	0.25	0.31
焦点距離 (mm)	1.9	2.3	2.7	3.9
球面収差係数 (mm)	0.5	1.0	1.4	3.3
色収差係数 (mm)	1.1	1.4	1.8	3.0
試料傾斜 (X/Y) (deg.)	25/25	35/30	42/30	38/26

することはできないため，TEM の性能は事実上ポールピースで決まるといってよい．

3.6.2 対物レンズ周りの要素

①**非点収差補正コイル**　対物レンズの非点収差を取り除く補正コイル．

②**対物ミニレンズ**　対物レンズには良い像質を得られる最適な励磁電流がある．レンズのヒステリシスや温度変化による像質劣化を避けるために，励磁を変えずに使用することが望ましい．そこで，低倍率の低い像を得る際には，対物レンズの励磁を維持したまま，対物レンズの下におかれた励磁の弱い長焦点レンズで像を縮小する．対物レンズを OFF にして極低倍で結像する目的でも使用される．

③**対物絞り（インギャップ）**　ポールピース内の後ろ焦点面上で回折波・透過波を選択して明視野像・暗視野像を得るための絞り．

④**対物絞り（ハイコントラスト）**　ポールピース下の光軸上に挿入して開口数を小さくして像のコントラストを強調する絞り．インギャップ絞りから生じる X 線が EDS 測定の妨げになる場合や，スペースがない場合にも使用される．

⑤ **EDS 検出器**　試料から生じた特性 X 線を取り込むための検出器．カウント数と取り込み角を稼ぐために試料近くにスペースが必要．

⑥**試料汚染防止装置**　液体窒素で冷却し，試料周辺の真空度を向上させて観察中の試料汚染を防止する．

⑦**ポールピースキャップ**　ポールピースから発生する X 線を軽減するためのカーボン製のキャップ．

⑧**球面収差補正装置**　対物レンズの球面収差を補正して TEM 像の空間分解能を改善する装置．

3.7 電子光学系 3・結像系

結像系は投影レンズと複数の中間レンズで構成され，対物レンズで生成された像あるいは回折パターンを選択してスクリーンに拡大投影する役割を担う．

3.7.1 中間レンズによる像面選択と多段拡大

像観察モードと回折モードの切り替えは第 1 中間レンズの焦点距離を調整することで行う．また各レンズの拡大率は 100 倍程度だが，複数の中間レンズと投影レンズを組み合わせて，倍率（像モード）およびカメラ長（回折モード）を調整することができる（**図 3.9**）．また，電磁レンズはその特性上，倍率やモードの変更で必ず像の回転が生じ不便であるため，レンズの励磁の組み合わせを調整して回転を防いでいる（ローテーションフリー機能）．

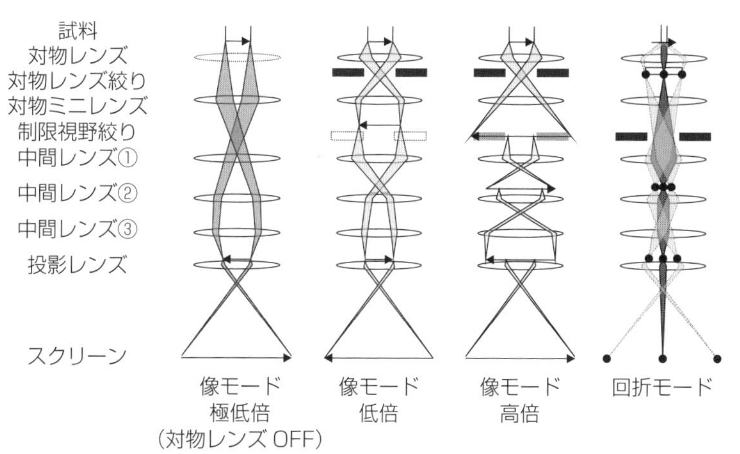

図 3.9 結像系模式図

3.7.2 結像系の周辺要素

①**投影レンズ**　結像系の最終段に位置するレンズ．中間レンズで選択・拡大された像をスクリーンや検出器に拡大投影する．励磁（倍率）は固定．

②**制限視野絞り（中間レンズ絞り）**　中間レンズの物面（対物レンズの像面）に絞りを挿入すると，電子回折パターンを取得する領域を選択できる（制限視野電子回折法）．

③**中間レンズ非点補正コイル**　中間レンズの非点収差を補正して回折スポットの真円度を改善するためのコイル．

④**イメージシフト偏向コイル**　中間レンズの上部に位置し，結像系へ取り込む像の位置を調整するコイル．試料移動をせずに視野を移動させることができる．

⑤**投影レンズ偏向コイル**　投影レンズの光軸の傾きを調整するコイル．回折スポットのセンタリングに使用される．

3.8 球面収差補正装置

球面収差補正装置は多極子コイルを組み合わせて負の球面収差係数（凹レンズ効果）を生じさせ，対物レンズや集束レンズの球面収差係数を打ち消す電子光学系の構成要素である．

3.8.1 負の球面収差係数（凹レンズ効果）による収差補正

眼鏡やカメラのレンズのような光学機器の場合は，非球面レンズを用いることで中心と外側のピントを同時に合わせることが可能だが，電磁レンズは球面

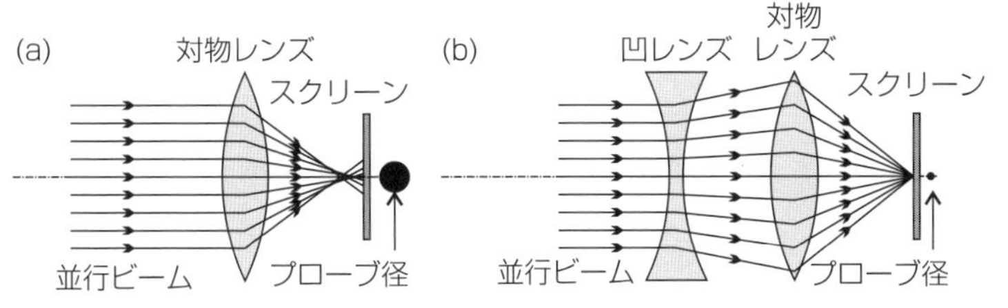

図 3.10 凹レンズ効果

(a) 球面収差によるプローブの広がり，(b) 凹レンズ効果による球面収差の改善.

凸レンズとして作用するため像の中心を除いて必ず球面収差による像のボケが生じる．電磁レンズにおける球面収差を除去するためには，光軸から離れた場所を通る電子線の屈折を浅くして焦点距離を伸ばす必要がある（**図 3.10**）．つまり光学機器における凹レンズ作用が必要となるが，長い間実用には至っていなかった．

3.8.2 球面収差補正装置

光学機器と同様に凹レンズがあれば球面収差は補正できる．多極子レンズを用いると電磁レンズにおいても凹レンズ効果が得られることは知られていた．**図 3.11** は6極子を用いた凹レンズ効果を示しているが，その特性上3回非点収差の発生が避けられずビーム形状が三角形に変形する．近年になり，6極子レンズ対象配置して3回非点収差を打ち消すアイデアが提唱され，ついに球面収差補正装置が実用化された．このためには前段のレンズの後ろ焦点面を後段のレンズの物面とする必要があるため，転送レンズの挿入が必要となる．

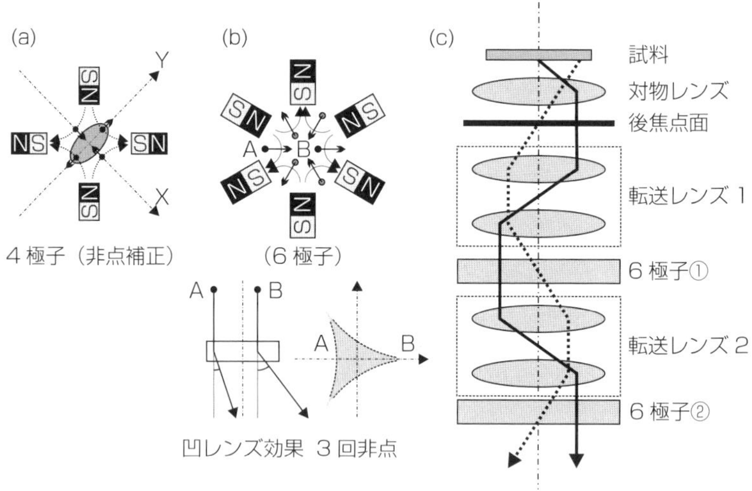

図 3.11 球面収差補正装置模式図

(a) 通常の非点補正，(b) 6 極子による凹レンズ効果と 3 回非点，(c) 転送レンズの挿入と 6 極子コイルの対象配置.

3.9 試料室・試料ホルダー

TEM 試料は ϕ 3 mm と微小であり，直接 TEM 内に導入することはできないため，試料ホルダーに搭載され，ホルダーごと試料室に挿入されて電子線の経路まで運ばれる．試料室・試料ホルダーには試料導入機構に加えて様々な役割がある．

3.9.1
試料室

①**対物レンズ**　電子顕微鏡試料は対物レンズのポールピース内に設置されるため，試料室の大部分を占めるのは対物レンズとその周辺要素群である．

②**排気機構**　大気中から試料を鏡筒内に導入する際には，鏡筒内の真空を維持する必要がある．試料ホルダーを直接導入すると真空度が大きく悪化するため，手動バルブで仕切られた予備排気室で十分真空引きされる．

③**ステージ・ゴニオメーター**　試料ホルダーの受け入れおよび，試料の位置と傾斜角を調整するための機構（**図 3.12**（c））．駆動にはモーターが使用されるが，高倍観察時の微妙な位置調整や試料ドリフト防止のためにピエゾ素子が用いられる場合もある．傾斜に伴い像（試料位置）が逃げないように物面が傾斜軸上にくるように調整される（ユーセントリック調整）．

④**ゴニオカバー**　現在主流のサイドエントリー型試料ホルダーは構造上大気に接しているため，外気圧の変動でわずかに位置がずれることがある．これを抑制するために，特に収差補正仕様のS/TEMにおいてはホルダーごとO

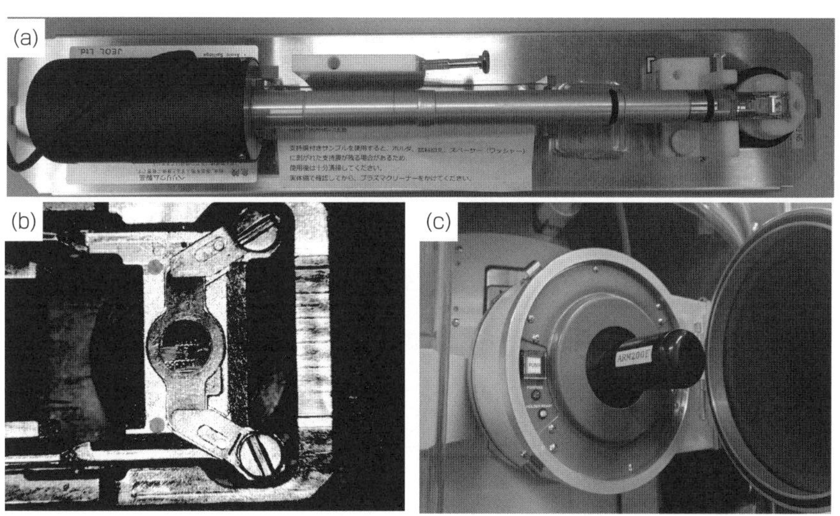

図 3.12　試料ホルダーとゴニオメーター

(a) 分析用2軸傾斜ホルダー，(b) ホルダー先端に搭載された試料，(c) 鏡筒に挿入されたホルダー．

リング付きのカバーで被って気密を保つことがある．

3.9.2 試料ホルダー

薄膜化した TEM 試料を直接取り付ける器具（図 3.12（a））である．

①**試料搭載**　TEM 用試料は微小（ϕ 3 mm）なので試料ホルダーに搭載して取り扱う．

②**真空封止**　試料ホルダーには鏡筒と予備排気室境界の手動真空バルブを駆動するためのピンと真空用 O リングが取り付けられており，試料室内の真空を維持する役割がある．したがって，ホルダーの取り扱いは鏡筒の真空維持のために重要である．実際に，真空関係のトラブルはホルダー操作時に発生することが多い．

③**試料傾斜**　ゴニオメーターのみでは傾斜軸を 1 つしか持てないため，電子回折法等で 2 軸傾斜が必要な場合は，試料ホルダーに備えられた傾斜機構を用いる．

④**特殊機能**　試料ホルダーは TEM と独立しているため，本体の仕様を変更することなく特殊観察用の機能を追加できる（例：分析，加熱，冷却，応力印加，ガス導入等）．追加する機能によっては試料周辺に広いスペースが必要になり，対物レンズのポールピースと干渉して，傾斜角が制限される場合がある．

3.10 観察・記録

電子線は肉眼で観察することができないため，蛍光スクリーン・半導体カメラ・フィルム等の検出器・記録媒体で可視化する（**図 3.13**）．

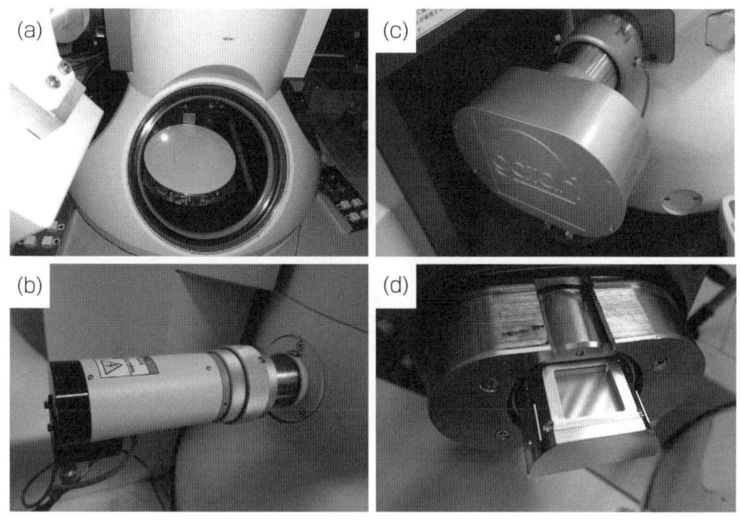

図 3.13 様々な検出器

(a) スクリーン，(b) STEM 検出器，(c) CCD カメラ，(d) CCD センサ部分.

3.10.1 検出器・記録媒体に求められる要件

①**画素密度**　単位面積あたりの画素（ピクセル）数．多いほど精細な画像を取り扱える．写真全体の画素数を解像度と表す場合もある．レンズの分解能と混同しないこと．

②**感度**　画素の応答に必要な電子数．高感度なものほど少ない電子数（暗い像）を記録できる．

③**ダイナミックレンジ**　信号の最小値と最大値であり，広いほど明部暗部の情報が潰れて失われずに記録できる．

④**線形性**　露光量と記録濃度（階調）の関係．通常は一次関数ではなくガンマカーブである．線形性が良いとデータを定量解析しやすい．

⑤**応答性**　信号入力（露光）から応答（表示）までにかかる時間．

以上の他に，取り扱いの容易さ，コスト等を考慮して検出器・記録媒体が選択される．

3.10.2
様々な検出器・記録媒体

①**スクリーン**　塗布された蛍光物質により電子線を可視光として検出する観察板．部屋を暗くしておく必要があるため，利用は減ってきているが，応答性がよく感覚的なタイミングのズレがほとんどないため，視野探しや電子回折傾斜実験で使用される．

②**写真フィルム**　フィルムに塗布した感光剤を電子線で露光して像を記録する方式．視野が広く高精細な像を記録できるが，撮影後に現像作業が必要になるため現在はほとんど使用されていない．

③**イメージングプレート（IP）**　輝尽性発光体をプラスチックフィルムに塗布したもの．写真フィルムに置き換えて繰り返し使用可能である．読み出しには専用のリーダーが必要でありダイナミックレンジや画素サイズはリーダーに依存する．感度・線形性・ダイナミックレンジ・記録面積に優れるため，低倍率像の撮影や，電子回折パターンの定量解析に用いられる．

④**半導体カメラ**　CCD や CMOS センサで像を記録する方式．以前は電子線を蛍光体で光に変換して検出していたが，最近は電子を直接検出できる製品も現れている．画素数は 2 K×2 K～4 K×4 K が主流である．最大の利点はオンライン・動画で像を利用できることであり，現在 TEM 像の観察記録はほぼすべてこの方式で行われる．

⑤**光電子増倍管**　蛍光体等で光に変換した電子を電気信号に変換する一次元の検出器．STEM 検出器や二次電子検出器に用いられる．

3.11 真空系

電子顕微鏡は複数の真空要素を組み合わせた真空システムである．電子線を安定に発生，照射するとともに，観察中の試料汚染を防止するために高真空が必要となる．要求される真空度や排気速度によって異なるポンプや排気経路を使い分ける．コンタミ防止のために，近年は動作媒体にオイルを使用しないオイルフリーのドライ排気系の利用も進んでいる．

3.11.1 排気システム

電子顕微鏡の部位によって必要とされる真空度は異なる．最も高真空の部位は電子銃周辺であり 10^{-8}～10^{-9} Pa に達する．試料の出し入れ等で真空度が悪化しないように，各部はバルブやオリフィスで仕切られ必要な真空度に応じた真空ポンプと経路で排気される（**図 3.14**）．経路の切り替えのバルブ操作は通

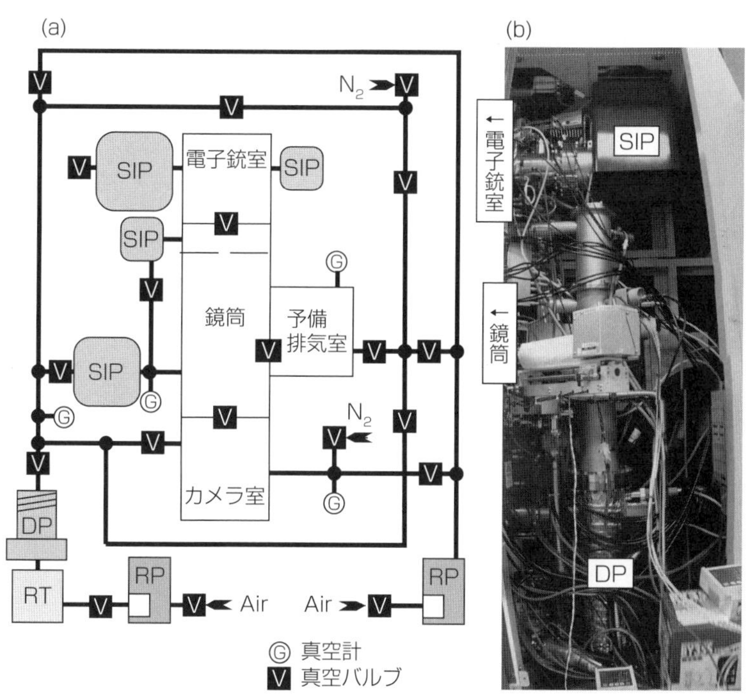

図 3.14 真空排気系

(a) 排気ダイアグラムの例，(b) 鏡筒背面の排気系．

常は自動制御されており意識する必要はないが，予備排気室と鏡筒の間のバルブは，ホルダー挿入に伴い手動で開閉される．

3.11.2 真空ポンプ

電子顕微鏡の排気に使用される主な真空ポンプ．ガスを外部に排気する輸送式と，内部に貯蔵する溜込式がある．

①**油回転ポンプ（Rotary Pump：RP）** 吸気媒体にオイルを使用して，ローターの回転に伴いガス吸気・圧縮・排気を繰り返す輸送式真空ポンプ．排気速度が大きく大気から 10^{-1}Pa 程度の排気に用いられる．粗引きや DP の補助ポンプとして使用される．

②**油拡散ポンプ（Diffusion Pump：DP）** 真空オイルを加熱して得られた蒸気の噴流で気体分子に運動量を与え，排気口側に移送・圧縮するポンプ．10^{-1} ～10^{-8} Pa の圧力範囲で使用される．

③**スパッタイオンポンプ（Sputter Ion pump：SIP）** 残留ガスでチタン陰極をスパッタして生成した活性なチタン膜に活性ガスを吸着させる溜込式ポンプ．10^{-4} ～10^{-9} Pa の超高真空が得られ，機械的振動を伴わないことから鏡筒や電子銃室の排気に用いられる．

④**ターボ分子ポンプ（Turbo Molecular pump：TMP）** 高速回転するローターで気体分子に運動量を与えて排気する輸送式ポンプ．圧力範囲は 10^{-1} ～ 10^{-8} Pa．ガス種を選ばず排気可能．油を使用しない．

⑤**スクロールポンプ（Scroll Pump）** 渦巻き状のステータ・ロータでガスを圧縮排気する輸送式ポンプ．圧力範囲は～1 Pa．オイルを使わないので TMP と組み合わせてドライ排気系を構成する．

⑥**クライオポンプ（Cryo Pump）** 液体窒素や液体ヘリウムで冷却した極低温面でガス分子を凝縮・吸着する溜め込み型ポンプ．冷媒が必要になるが，きわめて高い真空度（～10^{-13} Pa）を得ることができる．TEM では試料汚染防止装置として試料室内に設置されている．

3.11.3 鏡筒焼きだし

電子顕微鏡を使用し続けると，鏡筒に外部から持ち込まれたガスが吸着されて徐々に到達真空度が低下してくるため，定期的に鏡筒を加熱しながら排気するベーキング（鏡筒焼きだし）を行う．なお鏡筒にはOリングや真空グリス等が耐熱温度の低い部材が使用されているため，ベーキング温度は通常75℃程度となる．

3.12 冷却水循環系

電子顕微鏡は大電流を消費するため発熱量も大きく安全に使用するためには発生した熱を速やかに除去しなければならない．また，単なる過熱防止だけではなく，レンズやコイルの動作を安定させるためには，温度を一定に保つことが重要であるため，高容量で温度変化の小さい冷却水循環装置が用いられる．

TEMにおける冷却水の用途

- 本体レンズ・コイル・レンズ電源の冷却
- 収差補正装置レンズの冷却
- DPの冷却
- 検出器の冷却

TEMに求められる冷却水の仕様例

- 水量：13 L/min
- 水温：15～20℃　ドリフト（～0.2℃/h）変動（～0.05℃/min）

レンズ発熱と鏡筒焼きだし

レンズの消費電力は数 kW 以上とかなり大きく発生する熱量は膨大である．レンズの通電を off にすると発熱はおさまるが，鏡筒が冷えると再通電後に熱的に安定するまでに半日以上かかる．したがって，特に高分解能が必要な装置の場合，24 時間通電する必要があり効率は良くない．なお，鏡筒内のガスを除去するための焼きだしにはこのレンズ発熱が利用されている．

3.13 制御系

電子顕微鏡では多くの構成要素を連携して動作させる必要がある．冷却水・真空系・高圧電源などの基本機能は組み込み型コンピューターで制御される

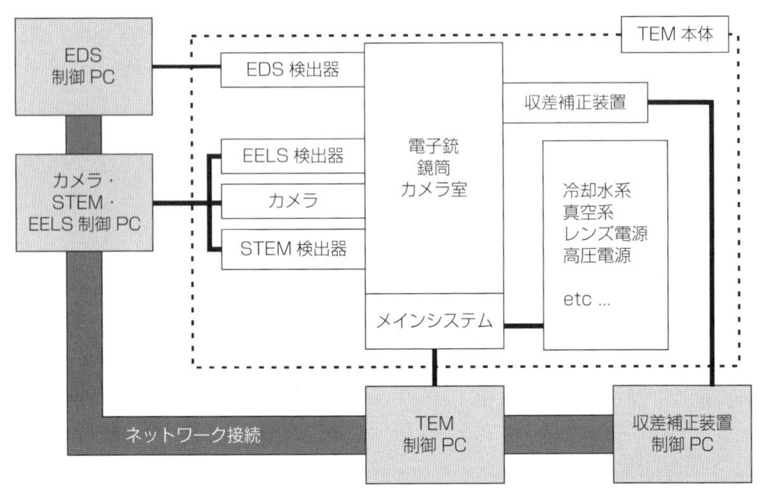

図 3.15 TEM 制御系模式図

が，ユーザーによる実験操作や付帯する測定装置等の制御にはネットワーク接続されたPCが利用されるなど全体として複雑なシステムを形成している（**図3.15**）．

3.13.1 装置制御における課題

電子顕微鏡の制御PCは，通信エラーが原因で誤作動を起こすことがあり，困ったら再起動というシーンは少なくない．不要なトラブルを避けるため，PCにはセキュリティソフトの類いがインストールされていないケースが多く，原則として外部ネットワークから切り離されて運用される．USBメモリ等を経由してのマルウェア感染も注意しなければならない．

3.14 周辺機器

電子顕微鏡には様々な付帯装置や周辺機器が存在する（**図3.16**）．標準構成の装置だけでは不可能な機能を追加するものや，試料作製装置，実験環境を改善するものなど様々である．実験のために電子顕微鏡を選択する場合は，周辺機器の有無も考慮する必要がある．これらは独立した実験装置であり，使用するためにはそれぞれで特有な知識・技能が必要となるため，担当オペレーターがいる場合も多い．

(1) 観察前に使用する機器（試料処理関係）

- ホルダー予備排気装置
- 試料作製装置（イオンミリング・FIB・電解研磨等）
- クリーニング装置（プラズマクリーナー・イオンクリーナー）

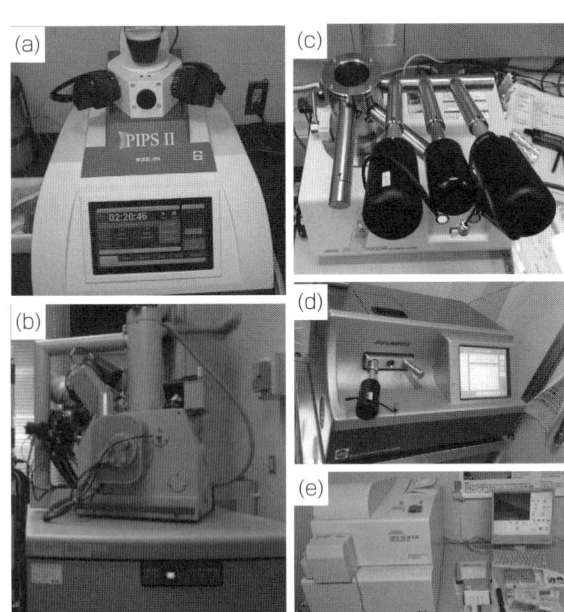

図 3.16 周辺機器の例

(a) イオンミリング装置，(b) FIB 装置，(c) ホルダー予備排気装置，(d) プラズマクリーナー，(e) 断面試料作製装置.

●コーティング装置（カーボンコーター）

(2) 観察中に使用する機器（機能追加や特殊観察）

●各種分析装置（EDS・EELS）

●特殊ホルダー

(3) 観察後に使用する機器（データ処理）

●暗室・フィルムスキャナ

●IP リーダー

●解析ソフト・画像処理ソフト

3.15 設置環境

電子顕微鏡で得られるデータの品質は装置のスペックだけではなく周囲の環境の影響を強く受ける．日中はノイズの多いデータが，周囲の装置が停止する夜中になるとクリアになるという経験をしたことがある読者も少なくないだろ

表 3.3 設置環境因子とその対策

分類	原因	影響	対策例
床面の振動	建物周辺の交通 周囲における機械類の稼働 人物の移動	像の振動 不鮮明	地下への設置 除震台 アクティブ除震台
騒音（振動）	周囲騒音 話し声	像の振動 不鮮明	防音室化 別室オペレート
室温の不安定	空調・換気	試料ドリフト ビームドリフト	空調の高度化 輻射パネルによる温調
多湿	季節・設置階・換気	真空度悪化	除湿
気圧変動	建物内のドア開閉 ドラフトチャンバーの使用	試料ホルダードリフト	設置室の気密化 ゴニオカバー
気流	エアコン・換気 オペレーターからの対流	像の振動 不鮮明	輻射パネルによる温調 別室オペレート
変動磁場	周辺装置 エレベーター 周辺の交通（鉄道・自動車等）	空間分解能低下 エネルギー分解能低下 制御系の動作不良	磁場キャンセラー 磁気シールドルーム
電磁波（高周波）	周辺装置 家電・電灯	制御系の動作不良	電磁シールド アーシング
電源ノイズ 電圧変動	不安定な電源 周囲装置	空間分解能低下 制御系の動作不良	定周波定電圧装置・UPS ノイズカットトランス

う．**表 3.3** は主要な設置環境要因である．対策方法も示したが，効果には限度がある．根本的な対策は原因を遠ざけるしかない．なお，装置導入時に実施される環境調査は，環境に問題がない場合に仕様性能が出ることを確認するという意味であり，劣悪環境での動作を保証するものではない．

Chapter 4

透過電子顕微鏡法 (TEM)

TEM を物質・材料の評価に用いるためには，装置としての操作方法を知るだけでは十分ではない．単にサンプルを挿入して表示させただけの拡大像に十分な学術的解釈を与えることは困難である．回折現象をはじめとした，試料と電子線の相互作用を理解した上で，顕微鏡を適切に操作しなければならない．なお，装置のマニュアル[9)] においては，我々が頻繁に使用する「明視野法」も「高分解能観察法」も「特殊観察」に分類されている．つまり，TEM を活用するためには，「透過電子顕微鏡法」の理解が必要である．本章では透過電子顕微鏡法の 3 要素（回折法・顕微法・分光法）について，その基本を解説する．

4.1 回折法：概論

電子線を結晶性試料に入射すると，その結晶構造と入射方位に依存した電子回折パターンが形成される．このパターンを解析することで結晶構造や結晶方位を求めることができる[4]．回折現象は顕微法における像コントラストの直接要因であり，これらを利用する際は，回折法を活用した結晶方位の厳密な制御も必要である．本項でははじめに電子回折法を利用する上での注意点を示す．

4.1.1 X 線回折法との違い

電子回折法の測定原理の大部分は標準的な X 線回折法[10]と共通しているため，X 線回折の経験や知識は電子回折にも活用できる．ここでは代表的な相違点（つまり電子回折の特徴）を示す．

①**波長**　XRD に用いる X 線の波長は標準的な CuKα で 1.54 Å だが，電子線の波長は 0.0251 Å（加速電圧 200 kV の場合）と 2 桁程度小さい．したがってエバルト球が非常に大きく，平面近似可能であり，得られた回折パターンを逆格子そのものとして取り扱える．

②**対象領域**　TEM の空間分解能を活用することで，微細な多相・多結晶組織からなる試料でも目的の結晶粒を選択して単結晶として測定可能．サブ µm 以下の微細粒からでも明瞭な回折スポットを得られる．なお，試料は狭小な対物レンズ内に設置されるため，傾斜可能範囲は狭い（例えば±～30°）．

③**原子散乱（形状）因子**　X 線の散乱は電子密度分布に影響されるが，荷電粒子である電子線は，原子核と電子雲が作る静電ポテンシャルの影響を受ける．したがって，電子線と X 線の原子散乱因子は異なる．つまり，X 線回折で得られる情報は電子密度分布であり，電子回折で得られる情報はポテン

シャル分布である．

4.1.2 運動学的回折効果と動力学的回折効果

2.6 節で示した回折現象についての解説は，ブラッグ回折が試料内で 1 回のみ起こると仮定している（運動学的回折理論）．電子線は静電ポテンシャルとの相互作用がきわめて強いため，このような仮定はきわめて薄い（~3 nm）試料においてしか成立しない．この影響を厳密に取り扱うためには，多重散乱を考慮した動力学的回折理論を用いなければならない．

電子回折法を用いるにあたっての多重散乱の具体的な影響は，消滅則に従うと出現しないはずの反射（禁制反射）が強度をもつ場合があることである．

4.1.3 電子回折実験の基本手順

多くの場合，電子回折法は既知の結晶構造の同定と，それを前提にした像観察のための結晶方位出し（試料傾斜）に用いられる．したがって実験のゴールは，得られたパターンを解析するのではなく，知っている（予想される）回折パターンを表示させることになる．具体的には，以下の手順を行う．

①対象領域まで移動し，電子回折パターンを観察
　（試料作製時点で方位出しが済んでいる場合はここで完了）
②得られたパターンが目的のパターンでない場合
　（ア）目的方位まで傾斜させる．
　（イ）別の領域を観察．適当に試料傾斜する．

試料傾斜をある程度修得している場合は，通常②-(ア）を行うが，難しい試料の場合は熟練者でも②-(イ）を試す場合も少なくない．いずれの場合でも，目的のパターンが出るまで手作業で測定を繰り返すことになる．電子回折モードのまま試料傾斜を行う場合もあるが，観察位置を見失いやすいため，頻繁に位置を確認する必要がある．

4.1.4 電子回折シミュレーション

上記手順においては参照される回折パターンが必要である．結晶構造から逆格子を求めれば参照パターンが得られるが，初習者は先行研究や教科書記載のサンプルを片手に観察する場合が多い．現在では，コンピュータシミュレーションが利用できるので，様々な条件における回折パターンを事前確認しておくことが望ましい．7.5.1 項では無償利用できるソフトウェアを紹介しているので参考にしてもらいたい．

4.2 回折法：制限視野電子回折（SAD）

制限視野電子回折（Selected Area electron Diffraction：SAD）は試料の対物レンズの像面に挿入した制限視野絞りで選択された領域（約 100 nm～）から電子回折パターン（SAD Pattern：SADP）を観察する手法である．得られたパターンから，試料の結晶構造や電子線の入射方位を判断することができる．なお，格子定数は試料組成の影響で変化し，スポット間隔は装置較正の影響を受け誤差を含むため，電子回折は主として対称性の評価に用いて，格子定数を精度良く求めたい場合は X 線回折を併用する．

4.2.1 電子回折パターンの取得

TEM 像を観察中に制限視野絞りで測定対象を選択し，回折モードに切り替えるとスクリーンには電子回折パターンが表示される．このパターンから，結晶方位を判断して，さらに試料を傾斜したり，撮影したりする．なお，適当に取得した回折パターンについて意味を見いだし解析することは難しい．最低でも結晶方位の調整が必要であり，電子光学系の調整も必要となる場合がある．

4.2.2 結晶方位の調整（回折条件の設定）

電子線のエバルト球は平面近似できるほど大きいため，結晶軸から多少外れて電子線を入射して得られた回折パターンからでも，（強度分布は非対称になるが，スポット位置はあまりずれないため）対称性を判断することは可能である．方位出しの途中などはこれで十分だが，見栄えも良くないため，通常，結晶構造解析を目的とする場合は晶帯軸入射で撮影を行う．

4.2.3 回折パターンの撮影

電子回折スポットは非常に明るいため，撮影する場合は，強すぎる電子ビームで検出器にダメージを与えないことと，必要な信号が飽和したりノイズに埋もれたりしないようにビームの強さとカメラの撮影条件を設定しなければならない．回折パターンから対称性を判断するだけなら，カメラのレンジに収まるようにビーム強度を調整すれば良いが，厳密な視野選択や面間隔の決定が必要な場合は電子光学系を正しく調整する必要がある．

4.2.4 電子光学系の調整：精密な観察手順

①視野探し：像観察モードで対象位置を探す．

②対物レンズの励磁を標準値とする．

③中間レンズの焦点合わせ：像モードで制限視野絞りを挿入し絞りの影がシャープに見えるように調整する（メーカーごとに手順が異なる）．

④試料の高さ合わせ：試料高さを調整してフォーカスを合わせる．

⑤回折パターン表示：回折モードに切り替える．

⑥平行照射：第2集束レンズ（最下段）の励磁を調整して回折スポットをシャープにする．必要な場合は中間レンズの非点補正も行う．

4.2.5
方位出しのコツ

電子回折を利用した方位出しは初習者の技能修得にとって大きなハードルの1つである．熟練者に指導を受けても，同じようにできるようになるには，繰り返し練習して経験を積むしかない．方位出しを自在にできるようになれば，TEMの用途が大きく広がるため，なるべく早い段階でマスターすることを勧める．以下に上達のヒントをいくつか挙げるので参考にしてもらいたい．

①**逆格子のまま考える**　慣れるまでは実格子の結晶構造を意識しがちだが，電子回折で直接得られるのは逆格子そのものである．逆格子を常にイメージしながら試料を傾斜しよう．

②**菊池マップ**　菊池マップを活用すると方位出しが容易なので積極的に活用する．試料が薄く菊池線が弱い場合は，回折スポットの強度分布から菊池マップをイメージするのも有効．

③**簡単な試料で練習する**　練習には，Si基板などの単結晶試料を使って，試料傾斜と回折パターンの変化を確実に対応付けできるようになろう．

④**シミュレーションを活用する**　実験前にソフトウェアを使用して回折パターンをシミュレーションしておくこと．撮影予定のパターンのみだけではなく，様々な入射方位からのパターンを事前確認しておこう．スポット位置だけでなく強度もシミュレーションしておくと比較しやすい．

4.2.6
電子回折傾斜実験

論文や学会で報告される電子回折パターンは1試料につき1枚であることが多いが，本来は1方位から得たパターンのみで構造を特定することはできない．複数の回折パターンを確認して，想定している結晶構造と矛盾がないことを示す必要がある．電子回折で厳密に構造を確認したい場合や，未知構造の構造解析を行う場合は，以下に示す電子回折傾斜実験が有効である．

①晶帯軸入射：対称性の高い晶帯軸入射のパターンを撮影する（例えば**図 4.1**の001を撮影する）．

②晶帯軸周りで傾斜：特定のスポット列の励起を維持したまま試料を傾斜して

図 4.1　Siの逆格子とステレオ三角形

●は回折点，○は多重回折．

現れたパターンを順次撮影する（001→011 へ傾斜）（傾斜角も控えておく）．

③いくつかの晶帯軸周りでパターンを多数撮影する．

④パターン比較：確認の場合は既知構造の電子回折シミュレーション結果と比較する（傾斜に伴いパターンが現れる順序や傾斜角も比較する）．

⑤（逆格子の推定）未知構造の場合は，回折パターンから逆格子を推定し，指数付けして消滅則を求める．

4.3 回折法：菊池線

厚い試料で電子回折実験を行うと，回折スポットの他に菊池線と呼ばれ明暗の直線の組（菊池線）からなるパターン（菊池マップ）が得られる場合がある．これは回折パターンと同様に試料の結晶情報を反映しており，精密な方位合わせに用いることが可能である（**図 4.2**）．

結晶に入射された電子線は格子面で弾性散乱しブラッグの条件に従った回折パターンを形成する．一方で，電子線は透過中に試料内のあらゆる方向へ非弾性散乱を起こす．この一部が結晶面で弾性散乱されることで菊池線が発生する（**図 4.3**）．なお，照射角の大きい電子線を入射した場合も試料中で電子線が様々な方向へ進行するため，その結果，類似したコッセル（Kossel）パターン

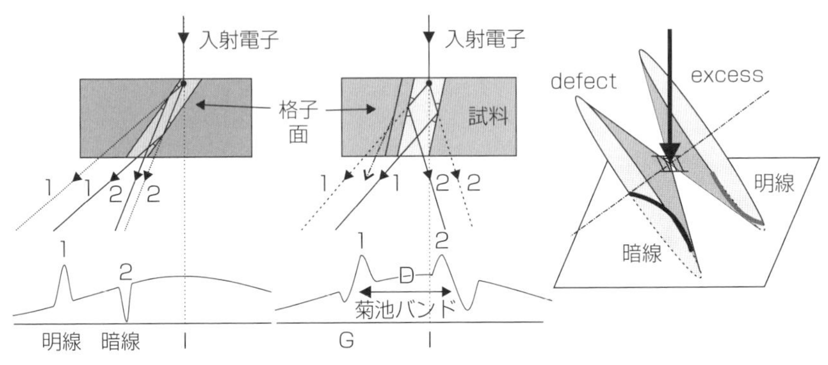

図 4.2　菊池線と菊池バンドの生成原理

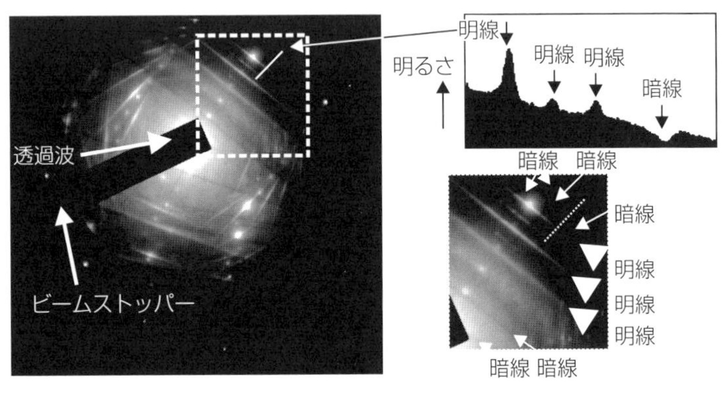

図 4.3　菊池線の例

スポットと菊池線の強度差が大きいため，CCD カメラでは撮影がやや難しい．

が形成される．

4.4 回折法：（収束照射）NBD/CBED

照射系を調整して試料上にビームを収束させて電子回折を行うと，制限絞りよりもさらに狭いナノスケール領域から回折パターンを得ることができる．

4.4.1 マイクロビーム・ナノビーム回折

制限視野電子回折（SAD）における観察領域は制限視野絞りのサイズに依存し最小でもサブ μm 程度である．小さな析出物や界面からの情報が必要な場合，SAD では周辺の粒子からの情報も拾うことになるため，電子線を試料上に収束してナノメートルサイズの領域から回折パターンが得られるマイクロビーム・ナノビーム回折を利用する．このとき，回折斑点は電子線の収束角に対応してディスク状になる．より細いプローブを形成したり，収束角を調整したりするために専用の照射モードを持つ装置もある．収束角が大きいものは特に収束電子回折と呼び，区別される．

4.4.2 収束電子回折

通常の電子回折では平行ビームを試料に入射するため回折パターンはスポット状になるが，収束ビームを入射すると収束角に応じた直径のディスク状パターンが得られる（**図4.4**）．本書の範囲を超えるため詳細は省略するが，ディスク内の強度分布は回折条件の変化に対応しており，試料厚さ・格子面間隔・空間群・格子欠陥の同定に加えて XRD 回折のような構造精密化にも利用でき

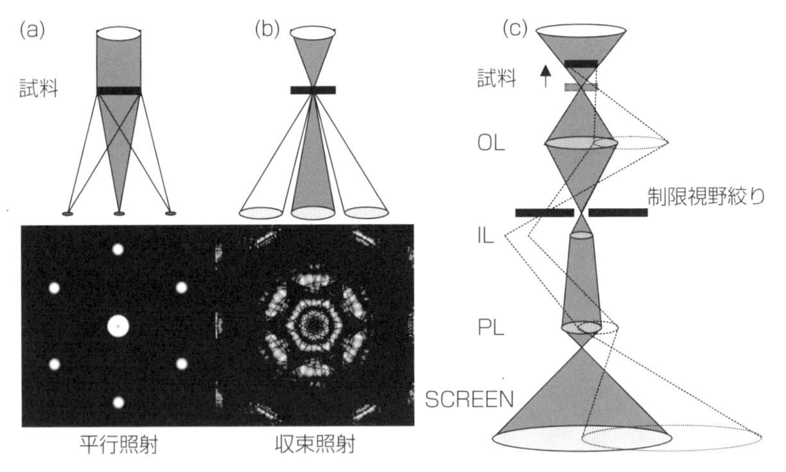

図 4.4 収束電子回折の模式図

(a) 制限視野電子回折, (b) 収束電子回折, (c) 大角度収束電子回折.

る. 収束ビームの照射位置を変えるだけで, 試料内の位置に応じたCBEDパターンが得られるため歪みや転位分布の評価に活用される.

試料の面間隔と収束角の組み合わせによって, 回折ディスクが重なり通常のCBED法では情報が取り出せない場合は, 試料位置と制限視野絞り挿入位置の調整で回折ディスク1つを選択する (大角度収束電子回折法 (図4.4 (c))).

4.5 顕微法:概論

TEMに試料をセットし, 電子線を発生して,「像観察モード」を選択すればスクリーンには試料の像が表示され, 倍率を上げれば像は拡大される. しかし, 結晶性の試料を観察する場合, この像が使用されることはほとんどない.

4.5.1 TEM の結像法[3,11)]

材料・物質分野においては「明視野法・暗視野法・高分解能法」のいずれかの結像法で像にコントラストをつけることで観察を行う（**表 4.1**）．これらは「回折現象」と「対物絞り」を巧みに組み合わせた特殊観察法である．装置側に専用モードは存在しないため，「像観察モード」を用いて手動で条件を満たすように試料の方位と TEM の光学系を調整しなければならない．

4.5.2 試料の重なりと像解釈

表面を観察する SEM と異なり，TEM で観察するのは試料の内部情報を含んだ透過像である．厚み方向に試料や結晶粒が重なっている場合は像解釈に注意が必要である．

界面・結晶粒界　一般に結晶粒界の厚みは数原子層程度だが，観察方位によっては見かけ上厚みが大きくなったり，粒界相と見間違えたりする場合がある（**図 4.5**（a））．界面の観察は真上（edge-on）から行うように注意する．

表 4.1　TEM 結像法の分類

名称	結像に用いる波	対物絞り	主なコントラスト	用途・条件
通常の TEM 像[a)]	透過波（＋回折波）	不使用[b)]	強度コントラスト（吸収散乱）	低倍観察での試料の位置確認 試料状態の簡易確認
明視野像	透過波	使用（スポットを選択）	強度コントラスト（回折）	結晶性試料の通常観察
暗視野像	1 つの回折波	使用（スポットを選択）	強度コントラスト（回折）	特定の回折条件を満たす領域を観察
高分解能像	透過波＋多くの回折波	大径絞りを使用[c)]	位相コントラスト	格子像・構造像の観察 極薄試料と，晶帯軸入射が必要

a）吸収散乱コントラスト像と呼ばれる場合がある．
b）コントラストをつけるために対物レンズ下に絞りを挿入する場合がある．
c）画像処理の際にアーティファクトの原因となることがあるため，最近は使用しないことが多い．

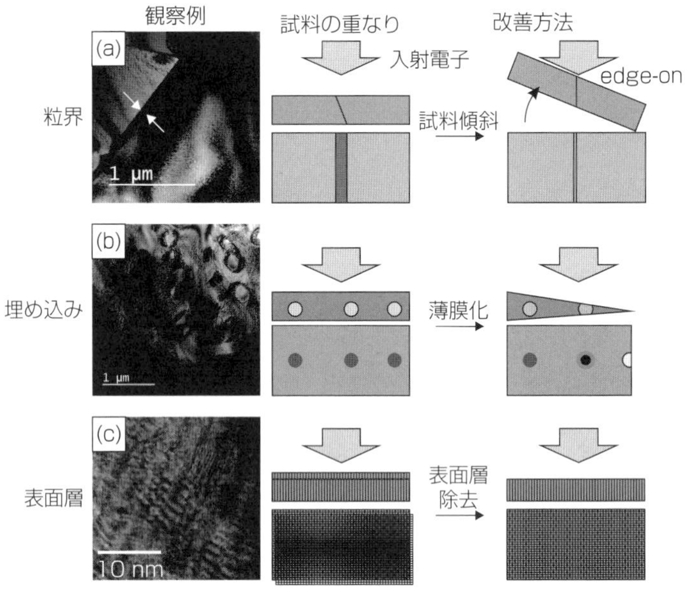

図 4.5 試料の重なり

(a) 粒界, (b) 埋め込み, (b) 表面層.

微小粒の埋め込み 膜厚よりもサイズの小さい粒子は試料に埋め込まれており，周囲のマトリックスの影響で界面がぼやけたり，分析結果がずれたりする場合がある（図 4.5 (b)）．この問題を避けるためには，微小粒が試料を貫通する程度に十分薄い領域を観察する．

モアレ縞[12] 薄板状試料が重なったり，試料表面に結晶性の酸化皮膜やリデポジションが存在したりすると，結晶格子のわずかなズレによって縞模様が観察される場合がある（図 4.5 (c)）．STEM の場合は結晶像とビーム走査間隔の周期や角度の違いで生じる場合もある．分布状況によっては異相と見間違えるため注意が必要である．なお，モアレ縞を利用して結晶内の歪みや欠陥分布の評価を行うこともある．

4.6 顕微法：強度コントラスト

入射電子が試料中の構成原子によって散乱吸収あるいは回折されると，透過電子の電子密度すなわち電子波の強度（振幅）が低下する．電子線が通過した位置ごとの強度変化の違いを利用して得られるコントラストを強度コントラストと呼ぶ．

4.6.1 散乱吸収コントラスト

高エネルギーの電子は物質を通過する際に非弾性散乱によって徐々にエネルギーを失い，厚い試料（数十 μm～）では物質に物理吸収される．非常に厚い試料や，TEM グリッドで電子線が遮蔽されている状態が該当する．通常の TEM 試料の厚さ（～200 nm 程度）では入射電子は散乱電子として試料外に放出され対物絞りによって遮蔽されることでコントラストが付与される．このように散乱電子の吸収（遮蔽）に由来するコントラストを散乱吸収コントラストと呼ぶ．アモルファス物質の場合，mass-thickness コントラストとなり，重く厚い試料ほど大きくなる（**図 4.6**（a））．有機物や高分子材料などを構成する軽元素は散乱が弱いため，重元素で染色してコントラストをつける．

4.6.2 回折コントラスト

電子線が結晶内で回折を起こすと，発生した回折波の分だけ透過波の電子密度が減少する．試料内の結晶構造や結晶方位の位置ごとに回折波の発生量が異なることを利用して得られるコントラストを回折コントラストと呼ぶ（図 4.6（b））．

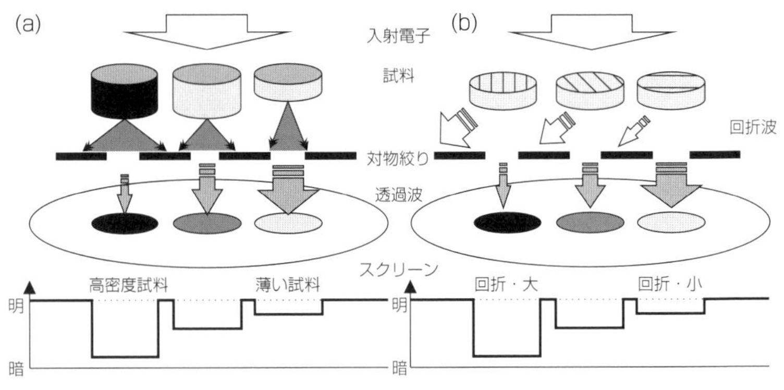

図 4.6 強度コントラスト

(a) 吸収散乱コントラスト，(b) 回折コントラスト．

回折条件（式 (2.11)）は局所的な格子定数の違いにも影響されるため，格子歪みが存在する場合もコントラストが生じる．これを歪みコントラストと呼び格子欠陥や析出物の存在に起因する内部応力の可視化に用いられる．

4.6.3 明視野法・暗視野法

強度コントラストを利用して結像するためには，不要な電子波を対物絞りで遮蔽する．結像に透過波を用いるものを明視野像，回折波を用いるものを暗視野像と呼ぶ．明視野像においてはバックグラウンドが明るく，回折条件を満たす領域が暗いコントラストを示す．暗視野像においては回折条件を満たす領域のみが明るいコントラストを示す（**図 4.7** (a)）．暗視野観察において，対物絞りを光軸から動かして回折波を選択すると，投影位置にズレが生じるため，通常は絞りを光軸上に固定し，回折波が光軸上に位置するように入射ビームを傾斜する（図 4.7 (b)）．

4.6.4 2 波近似と 2 波励起条件

結晶内において透過波と 1 つの格子面からの回折波のみが存在すると近似す

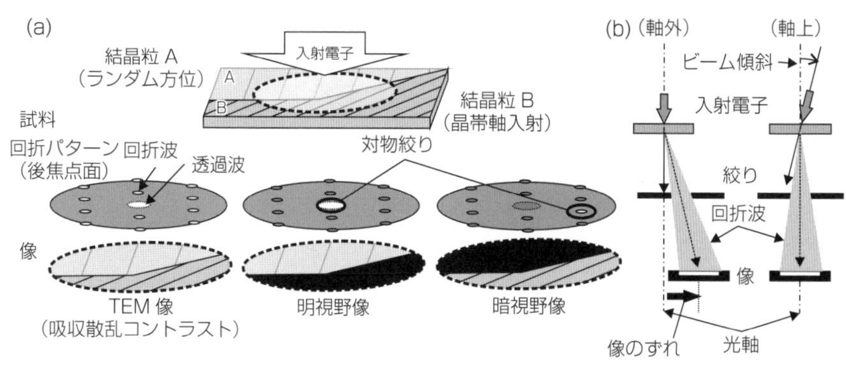

図 4.7 明視野像と暗視野像

(a) 対物絞りによる透過波回折波の選択，(b) 軸上暗視野法.

ると回折強度や TEM 像の解釈が比較的容易になる．これを 2 波近似と呼ぶ．2 波近似が成立するように意図的に入射方位（試料傾斜）を調整することで，格子歪みや内部欠陥（転位や面欠陥）といった試料の内部構造を反映したコントラストを得ることが可能である．この時，回折パターンにおいては，一つのブラッグ反射が強く励起されており，これを 2 波励起条件（あるいは単に 2 波条件）と呼ぶ．TEM においてエバルト球は平面近似されることが多いが，本来は球であるため，2 波条件以外で厳密に回折条件は成立しない．晶帯軸入射で多数のスポットが現れるのは，後述する励起誤差の影響である．

4.6.5 試料傾斜と 2 波条件

実験的に 2 波条件を得るためには，晶帯軸入射の状態から試料を傾斜する必要がある．試料傾斜においてはエバルト球を意識すると便利である．**図 4.8** は入射条件の違いによるエバルト球と逆格子点の関係を示している．ここで，入射波の波数ベクトルを **K**，励起したい回折スポットの逆格子ベクトルを **g** とする．晶帯軸入射では **g** を含めた多くのスポットが励起されている．ここで，**g** と垂直な方向に試料を大きく傾斜させると，$n\mathbf{g}$ の系統反射（n：整数）が励起されたまま，周辺のスポットの強度が弱くなる（実際の操作は，系統反射を維持したまま，周りのスポットの強度が弱くなるように傾斜する）．次に **g** に

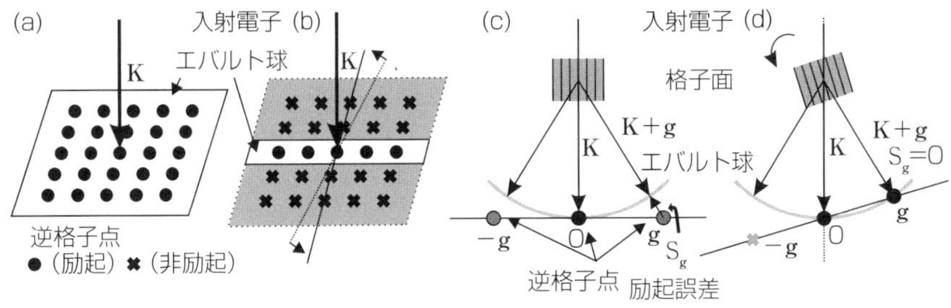

図 4.8 2 波条件

（a）晶帯軸入射，（b）（c）系統反射，（d）2 波励起条件．

垂直な軸周りに試料を傾斜させてできるだけ **g** と透過波の強度を近づける（実際は，系統励起以外のスポットが強度をもたないようにしながら，**g** 以外の系統励起の強度が下がるように傾斜する）．菊池線が見える場合は，**g** 由来の菊池線と回折点が重なるように傾斜する．この状態が 2 波条件である．

なお，図 4.8（a）（b）ではエバルト球を平面近似しているが，本来は図 4.8（c）（d）のように球面である．実際の電子回折実験では回折条件を厳密に満たしていない逆格子点も強度を持つ場合があり，この時の回折条件からのズレ（逆空間上の距離）を励起誤差 S_g と呼ぶ．励起誤差は試料が有限の大きさを有するため，逆格子点が広がるサイズ効果に起因する．

4.6.6 等厚干渉縞（等厚縞）による厚さ測定と等傾角干渉縞

結晶試料の膜孔付近は徐々に厚さが薄くなっており，くさび形の断面を有すると見なせる（**図 4.9**（a））．2 波条件でこのような膜穴付近を撮影すると，明暗の縞模様が観察される（図 4.9（b））．この縞模様は回折波と透過波の干渉によって形成されており，等厚干渉縞と呼ばれる．1 つの縞の間の距離は消衰距離と呼ばれており，次の式で表せる．

$$\xi_g = \frac{\pi V \cos\theta}{\lambda F_g} \tag{4.1}$$

V：ユニットセルの体積，θ：回折角，

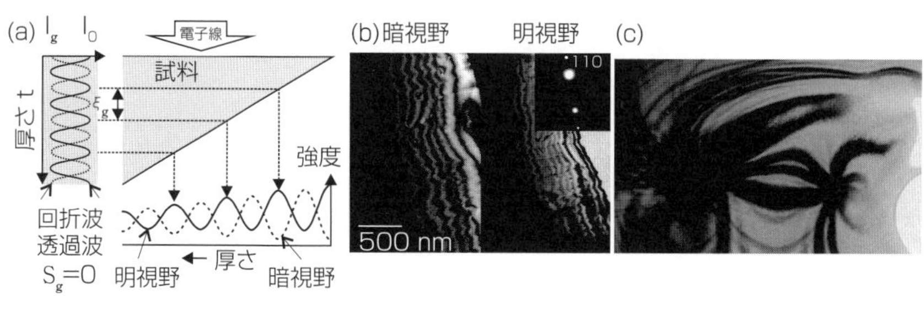

図 4.9　等厚縞を利用した膜厚測定

(a) くさび形断面試料の消衰距離, (b) 等厚縞の例, (c) 等傾角干渉縞.

λ：電子線の波長，F_g：結晶構造因子

したがって，試料端から縞 1 つごとに $(1/2)\xi_g$ の奇数倍の厚さを有することになる．2 波条件から少しでも外れると縞の間隔が変わるため，正確な方位合わせが必要になる．また，試料に湾曲があると，ブラッグ条件をちょうど満たす場所で回折が起こることで，等高線状の等傾角干渉縞（ベンドコンター）が現れる（図 4.9（c））．ベンドコンターを観察することで，試料の湾曲の有無がわかる．また，ベンドコンターが交差する部分では対称性の良い回折パターンが得られる．

なお，式（4.1）には結晶構造因子の項が含まれているため，この方法で求められる厚さは試料組成に影響される．したがって，合金試料にそのまま適用することはできない．精度良く試料厚みを求めたい場合は，FIB で断面試料を作製し直接計測するしかないが，FIB における位置決めの精度は TEM に劣るため注意が必要である．例えば，欠陥密度を決めたい場合などに，試料厚みを求める必要が出てくるが，そもそも，TEM で観察している領域は非常に狭いため，測定箇所ごとのバラツキを考慮すると，絶対値を過度に信用せず，参考値程度にとどめておくほうが無難である．

4.7 顕微法：位相コントラスト：高分解能電子顕微鏡法

電子線は波動性を有しているため，特定の条件下で薄い結晶性試料からの透過波と回折波を干渉させると結晶格子（試料内部のポテンシャル分布）に対応した干渉縞を得ることができる．これを高分解能電子顕微鏡法という．

4.7.1 位相コントラスト・弱位相物体近似

十分に薄い試料に入射された電子波はほとんど吸収されず（振幅を変えず），原子面でその位相のみが変化すると近似できる（弱位相物体近似）．TEM の分解能は電子線の波長と対物レンズの性能で決まるが，理想的なレンズを用いてきわめて高い分解能が得られたとしても，コントラストがなければ，原子や原子面を認識することはできない．したがって，高分解能観察のためには，面間隔に対応した電子波の強度差をつける必要がある．

結晶性試料においては回折が生じるため，透過波と干渉させることで像面上に回折面の間隔と同じ間隔の干渉縞を得ることができ，これを位相コントラストと呼ぶ（**図 4.10**）．逆格子空間において原子面間隔程度の詳細な情報は広角側へ散乱された回折波に含まれているため，高分解能観察のためにはできるだけ多くの回折波を干渉させる（対物絞りを使わないか大径のものを使う）．

位相コントラストは非常に弱いため，最適な干渉条件を選択して強調する必要がある．ホイヘンス＝フレネルの原理によると，回折波は透過波に対して位相が$\pi/2$変化しているが，さらに$\pi/2$ずらして位相差をπとすることでコントラストが最大化される．具体的にはレンズの焦点をはずすことで達成できる．なお，試料が厚い場合は非弾性散乱や試料内での多重散乱を考慮した動力学的回折理論による解釈が必要となる．

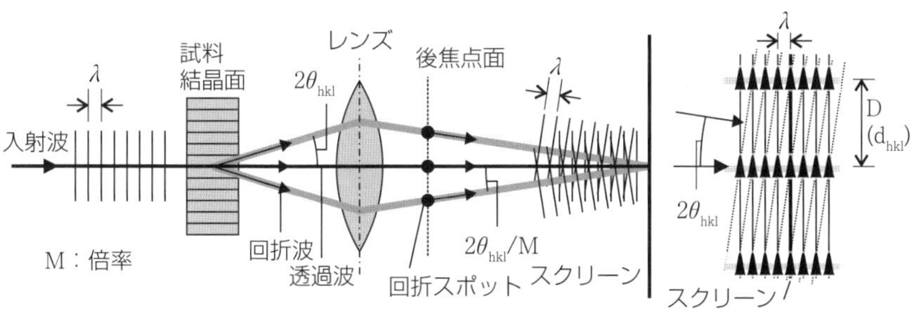

図 4.10　位相コントラストを用いた格子像の結像過程

4.7.2 位相コントラスト伝達関数

式（4.2）は位相コントラスト伝達関数（phase-contrast transfer function, PCTF）であり，どの空間周波数の成分がどの程度の強度で結像に寄与するかを示している．

$$\mathrm{PCTF}(q)=\sin\left(\pi df\lambda q^2+\frac{1}{2}\pi C_s\lambda^3q^4\right) \quad (4.2)$$

q：空間周波数，df：焦点はずし量，
λ：電子線の波長，C_s：球面収差係数

前項で述べた焦点はずしに伴う散乱波の位相変化を π とすることは PCTF$(q)=-1$ とすることに相当する．できるだけ広い空間周波数帯で -1 に近づけることで，ポテンシャル分布に対応したコントラストが得られる．PCTF$(q)\fallingdotseq-1$ の条件を満たす周波数帯を伝達バンドと呼ぶ．高周波側では PCTF が大きく振動するため，伝達バンドは低周波側でかつアンダー側へ焦点をはずした場合のみ現れる（**図 4.11**（a）（b））．伝達バンドが広く，試料のポテンシャル分布を良く反映した像（結晶構造像）が得られる最適な焦点はずし量をセルツァーデフォーカスと呼ぶ．セルツァーデフォーカスの PCTF カーブが最初に負から正へ変化する際の空間周波数 q が電子顕微鏡の分解能となる．球面収差を補正すると伝達バンドが大きく広がり分解能が向上することが，PCTF か

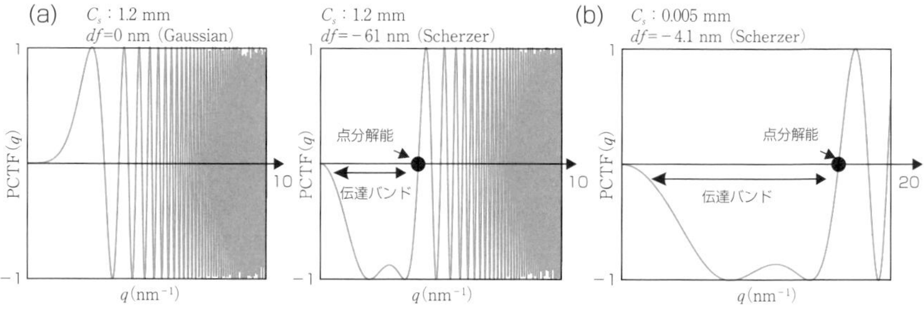

図 4.11 位相コントラスト伝達関数

(a) 焦点はずしによるコントラスト増強，(b) 球面収差補正による分解能の改善.

らもわかる（図 4.11 (c)）.

4.7.3 位相コントラスト像のフォーカス

位相コントラスト像における特徴的なデフォーカス量は以下の 3 つである.
最適デフォーカス（Scherzer defocus）：

$$df_{optimum} = 1.2\sqrt{C_s \lambda} \tag{4.3}$$

像コントラストが最小：

$$df_{min} = 0.5\sqrt{C_s \lambda} \approx 0.4\ df_{optimum} \tag{4.4}$$

デフォーカス量 0（Gaussian focus）：

$$df = 0 \tag{4.5}$$

これらのうち，実験的に直接確認できるのは df_{min} のみである．結晶構造像を得るためには，df_{min} からアンダー側へデフォーカス量を変化させながら何枚か像を撮影し（スルーフォーカス），像シミュレーションと比較する．実際の試料は厚さも不明の場合が多いため，厚さとデフォーカス量を変化させてシミュレーションを行う．**図 4.12** の例では，条件の違いでコントラストが大きく異なり，反転や余分な輝点が現れている場合がある．このように実験的に得られた高分解能像における輝点は必ずしも原子位置を表していないため，像解

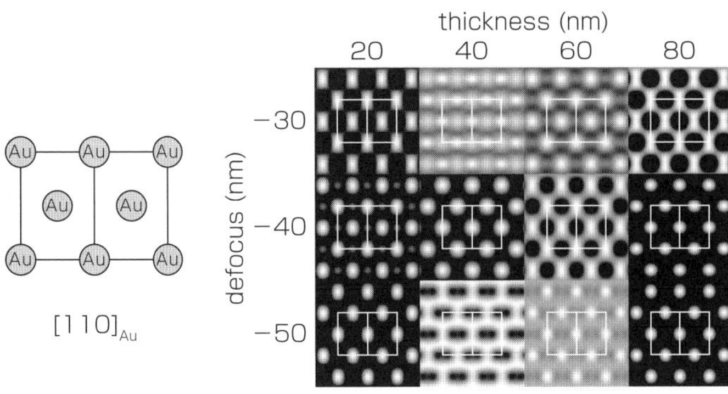

図 4.12 試料厚さとデフォーカス量による位相コントラストの変化

Au 110 面のマルチスライスシミュレーション，Scherzer defocus＝−40 nm.

釈を行う場合は十分な注意が必要である.

4.8 分光法：概論

電子顕微鏡では，試料から放出された二次電子や電磁波といった様々な信号を適当なセンサを用いて検出することで観察した微小領域についての元素分析や状態分析を行うことができる．かつては分析機能を有する電子顕微鏡を特に分析電子顕微鏡（Analytical Electron Microscope：AEM）と呼び区別していたが，近年では元素分析のためにEDSが標準的に備えられていることがほとんどである.

4.8.1 TEM に取り付けられる分析装置

電子線照射によって生じる信号を利用する分析法には様々な種類があるが，

二次電子・反射電子・熱散漫散乱電子等のイメージングに用いられるものを除くと，TEMと相性が良いのは，試料上方に放出される特性X線を検出するエネルギー分散型X線分光法（Energy Dispersive X-ray Spectroscopy：EDS）および透過電子のエネルギー損失を検出する電子エネルギー損失分光法（Electron Energy Loss Spectroscopy：EELS）の2つである．EDS/EELS以外の分析装置を備えたTEMも存在するが，一般的とは言えないため本書では割愛する．

4.8.2 TEM分析の特徴と注意点

はじめに，TEM分析における特徴と一般的な注意点を示す．

①**電子プローブ**　通常のTEM観察においては試料に対して電子線を平行照射するが，分析を行う場合は，対象領域を限定すると同時に十分な照射電流密度を稼ぐために収束ビームを利用する．

②**走査像**　TEMモードでも分析は可能だが，視野探しと測定とで平行ビームと収束ビームを切り替える必要があり，測定が安定しにくい．STEMの場合，倍率や照射位置を変えても電子プローブの状態は一定であり，同じプローブ状態のまま測定もできるため相性が良い．

③**試料汚染**　収束ビームを用いるため，測定中に試料のコンタミネーションが生じやすい．試料汚染は分析結果に影響するため，分析用の試料は十分に清浄でなければならない．

④**試料ダメージ**　収束ビームを用いるため測定中に試料がダメージを受ける（分解・穿孔など）場合がある．点分析や高倍率でのマッピングなど狭い範囲を測定する場合は注意すること．

⑤**薄膜試料**　TEMで分析を行う上で最も問題となる点である．薄膜試料の影響は，信号量が少ない（S/Nが良くない）こと，試料作製時のダメージ・リデポジション層の割合が相対的に大きく影響が無視できないこと，試料膜厚が一定とは限らないため定量分析時に必要な補正が複雑になりがちであることである．

⑥**定量性**　分析の定量性は表面分析の中でもとりわけ良くない．測定領域が小

さいため，試料の不均質性が結果に直接影響する．定量性が必要な場合は，必ず他の実験手法も併用して誤差を補正するべきである．

以上，特徴よりも注意点の方が多くなったが，局所領域を選択的に分析できる点は他の分析法にはない利点である．近年は，高輝度の電子銃，高感度の検出器，試料作製法の成熟等によって，薄膜試料を用いたS/TEMによる分析精度もかなり改善しているので，必要以上に身構える必要はない．空間分解能的にSEMで難しい分析をとりあえずSTEMで行うといったやり方も活用してもらいたい．

4.9 分光法：エネルギー分散型X線分光法（EDS）

エネルギー分散型X線分光法（Energy Dispersive X-ray Spectroscopy：EDS）は入射電子により励起された特性X線を半導体検出器で検出しX線のエネルギー（発生したパルス電圧）ごとのカウント数を計測してスペクトルを得る方法である．様々な電子顕微鏡に付帯装置として取り付けられ元素分析に用いられる．

4.9.1 特性X線

入射電子によって内殻電子の1つが励起して生じた空孔に，より高いエネルギー準位にある外殻電子が落ちる際，そのエネルギー差に対応するX線が放出される．これが特性X線であり，そのエネルギーは元素に固有である（**図4.13**）．

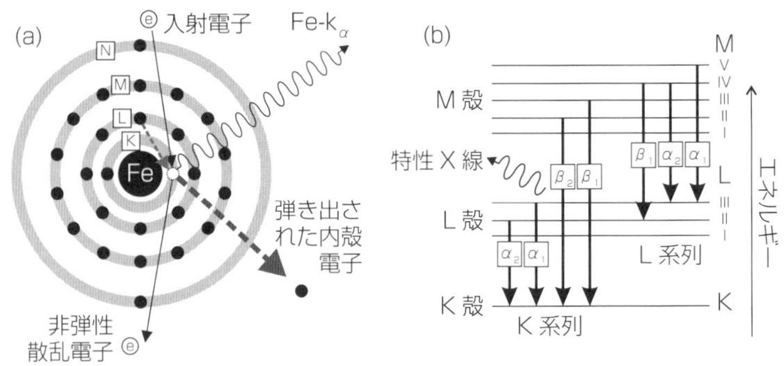

図 4.13 電子線入射による特性 X 線の発生

(a) 原子軌道の例, (b) エネルギー準位と特性 X 線.

4.9.2 EDS 検出器の種類

EDS 検出器では取り込んだ個々の X 線をエネルギーに比例した大きさの電圧信号に変換してカウントする．主に使われる検出器はエネルギー変換に用いる検出素子の種類によってシリコンリチウム検出器（Si 検出器）とシリコンドリフト検出器（SDD）の 2 種類があり（**図 4.14**），どちらも X 線入射で生じた電子–正孔対を利用する．検出可能元素は B（Be）～U，エネルギー分解能は 140 eV 程度である．Si 検出器は古くから利用されているが，動作のために

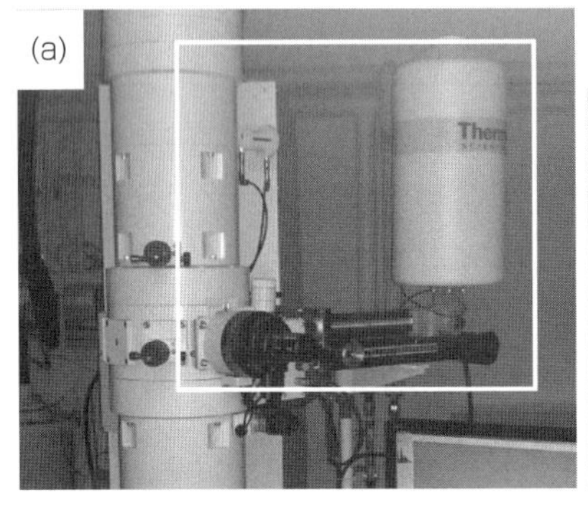

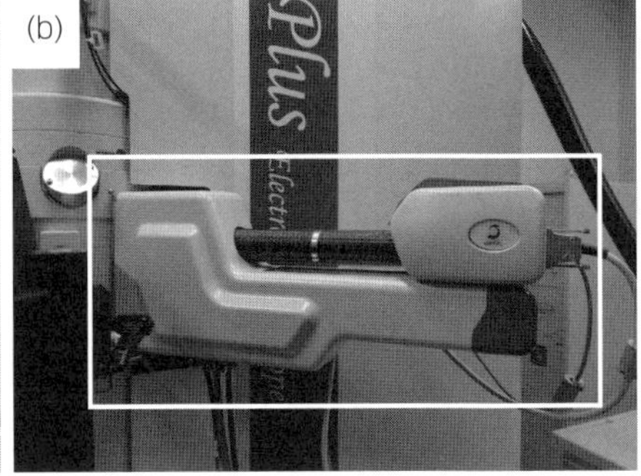

図 4.14 EDS 検出器

(a) シリコンリチウム検出器, (b) シリコンドリフト検出器.

液体窒素による冷却が必要である．現在ではより感度が高く，ペルチェ冷却で動作するSDDに置き換わってきている．

4.9.3 WDSとの比較

EDSと同じ特性X線を使用する元素分析手法として電子プローブマイクロアナライザー（Electron Probe Micro Analyzer：EPMA）に使用される波長分散型X線分光法（Wavelength Dispersive X-ray Spectroscopy：WDS）がある．WDSは，X線の分光に分光結晶を用いるため，EDSと比べてエネルギー分解能がよく定量性に優れている．しかし，十分な照射電流量と元素数分の測定器（もしくは測定回数）が必要であり，測定元素の選択には機械的に分光結晶の位置を移動させる必要があるため，（照射電流に弱い）薄膜試料を（振動の影響を受けやすい）高倍率で観察するS/TEMには不向きである．

4.9.4 EDSのスペクトル

図4.15はEDSで取得したスペクトルの例である．横軸は特性X線のエネルギー（keV），縦軸はカウント数を示している．特性X線のエネルギーは元

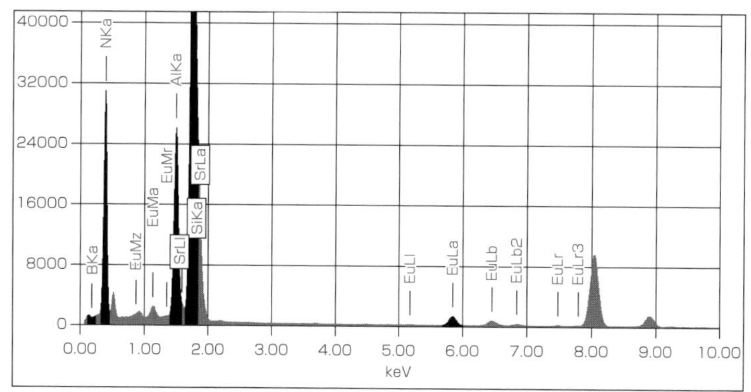

図4.15　EDSスペクトルの例

高感度のSDDによって軽元素のBまで検出できている．

素によって異なるため，ピーク面積を比較することで，組成比を求めることができる．スペクトルを解析する上での主な注意点は，S/N とピーク分離である．S/N はプローブ電流を大きくしてカウント数を増やす等で改善できるが，特性 X 線のエネルギーは元素固有のものであるため，センサのエネルギー分解能を上げても分離には限界があり，エネルギーが重ならない特性 X 線を選択する必要がある．多変量解析でピーク面積への各元素の寄与分を見積もる方式を採用している EDS メーカーもある．

4.9.5 プロセスタイム（時定数）とデッドタイム

EDS 検出器においては，入射 X 線をエネルギーごとにカウントする際に，ノイズの影響を減らすために平均化処理を行っている．この時間をプロセスタイムと呼び，大きいほどエネルギー分解能が上がるが，その間に入射した X 線がカウントされない（デッドタイムと呼ぶ）．エネルギー分解能と分析時間のバランスが良いデッドタイムは装置ごとに異なる．

4.9.6 測定モード

STEM-EDS には以下の測定モードがある．

①**点分析**　試料上の 1 点にビームを止めて測定を行う最も一般的な方法．定量分析に用いられる．ビームが動かないため，試料ダメージが大きく，薄い試料の場合は測定中に孔が空く場合もある（測定場所の記録として使用される場合もある）．

②**線分析**　直線状に分析点を複数セットし，各点について点分析を行う方法．分析点に沿った濃度プロファイルを得られる．

③**マッピング**　指定したエリア内でビームをスキャンしながら各画素に対応したスペクトルを取得して，元素の分布状態を調べる手法．測定点が非常に多くなるため，通常は画素あたりの取り込み時間（dwell time）を短くする．ビームを止めないため，試料ダメージが比較的小さい．視野全体の定性分析に用いられることが多いが，各画素に対応したスペクトルが保存されるた

め，事後的に範囲を指定してスペクトルを抽出して定量分析を行うことも可能である．一昔前のEDSのイメージから，マッピングは測定時間がかかりすぎるという理由で，避ける利用者もいるが，電子銃の高輝度化と検出器の高感度化で，測定に要する時間はかなり短くなっている．むしろ試料全体の状態を確認してから詳細な分析を行う方が，実験上の間違いを減らすことができるため，とりわけ経験の少ない試料の場合には，実験の早い段階でマッピングを行うことを推奨する．

4.9.7
定量補正

電子線入射により試料から生じる特性X線は試料状態に敏感であり，単純な面積比だけでは定量分析で正しい組成比を求めることができないため，試料の状態に応じて以下の補正が必要となる．

① **ZAF 補正法**　特性X線は原子番号効果（共存元素の影響でX線の発生量が変化する現象），吸収効果（試料による自己吸収でX線の発生量が変化する現象），蛍光励起効果（発生したX線が他の元素の特性X線を励起する現象）を受けるため，これらを補正する必要がある．EPMAなど厚い試料の場合は本補正を適用する[13,14]．あらかじめ，標準物質を測定して補正係数を求めておく必要がある．

② **Cliff-Lorimer 法**（薄膜近似法）　試料が十分薄い場合（10 nm以下）に，吸収や蛍光の影響が無視でき，元素A，Bから発生するX線強度 I_A，I_B と組成 C_A，C_B の間に以下の式が成立すると仮定する方法[15]．

$$C_A/C_B = k_{AB}\ (I_A/I_B) \tag{4.6}$$

比例定数 k_{AB} は実験的にも理論的にも求めることができ，後者を使用した定量法をスタンダードレス定量と呼ぶ．定量性においてはあまり信用されないこともあるTEM-EDSだが，厳密に薄膜近似できる膜厚を選んで分析した場合は，スタンダードレスでもそれなりに測定は安定する．ただし，薄膜化により試料側の組成ムラやダメージ・リデポジション・汚染（コンタミ）の影響が無視できなくなることに注意が必要である．

4.10 分光法：電子エネルギー損失分光法（EELS）

電子エネルギー損失分光法（EELS）はエネルギー分光器を用いて透過電子を分光し試料通過時に失われた電子線のスペクトルを得る手法であり，組成分析や化学状態分析に用いられる[16]．

4.10.1 EELS の特徴

EELS は一般的に用いられる EDS と比較して以下の特徴を有する．

- 軽元素の感度が良い
- エネルギー分解能が高い

以上の特徴から，EDS ではピーク分離が難しい元素の識別や，化学結合状態の評価に用いられる．ただし，組成分析の定量性では EDS に分がある．エネルギー分解能に限れば，二次イオン質量分析法（SIMS），X 線光電子分光法（XPS），放射光を用いた X 線吸収分光法（XAS）など，より優れた手法が存在する．これらと比較した場合の S/TEM-EELS の利点はやはり空間分解能の高さである．なお，EELS のスペクトル（生データ）は手作業で解析するため，利用するには多少の慣れが必要である．

4.10.2 エネルギー分光器とエネルギーフィルター

エネルギー分光器は入射した電子線を電界や磁界で偏向し非弾性散乱成分を分散する分光器である．エネルギーフィルターはエネルギー分光器で分光された電子線の経路にスリット（エネルギー選択絞り）を挿入することで特定のエネルギーを損失した電子を選択する装置である．鏡筒内に組み込むインコラム

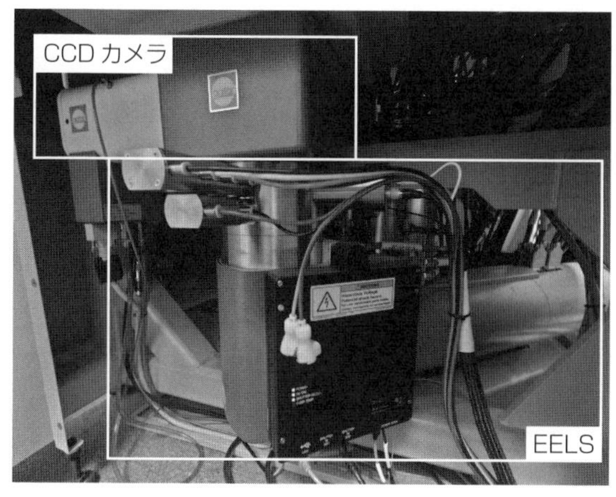

図 4. 16 鏡筒下部に取り付けられた EELS 検出器

直上のユニットは高解像度 CCD カメラ

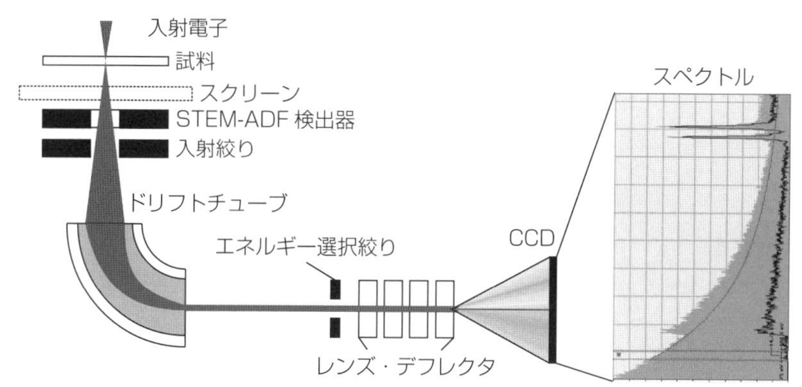

図 4. 17 ポストコラム型エネルギーフィルター

型と鏡筒下に組み込むポストコラム型（**図 4.16**，**図 4.17**）がある．分光されたスペクトルは CCD カメラ等の検出器で記録される．

4.10.3 電子エネルギー損失スペクトル

図 4.18 は EELS で得られたスペクトルの例を示している．EELS による分

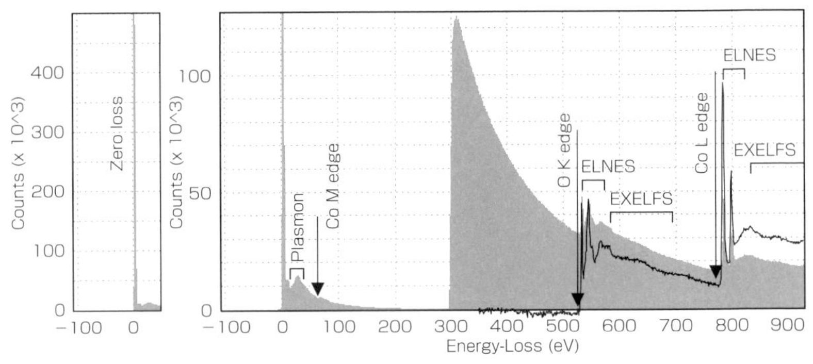

図 4.18 電子エネルギー損失スペクトルの例

析ではスペクトル中に見られるピーク（エッジ・吸収端）の位置・大きさ・形状から元素の有無・濃度・結合状態を判断する.

試料内で生じる主な非弾性散乱過程は以下の通りである.

⓪ゼロロス：試料と相互作用せずに透過・弾性散乱した電子（0 eV）

①フォノン励起：格子振動による散乱（～0.1 eV）

②バンド間遷移：価電子の伝導帯への励起（～10 eV）

③プラズモン励起：価電子の集団励起（～30 eV）

④コア励起：内殻電子の励起（13 eV～）

⑤二次電子放出：自由電子の励起（～50 eV のバックグラウンド）

⑥連続 X 線の発生：制動放射に伴う散乱（バックグラウンド）

上記のうち，エネルギー損失量が数十 eV までの領域を低エネルギー損失（low-loss）領域と呼び①～③が含まれる．それ以上のものは④の内殻電子の励起に伴うものであり，core-loss 領域と呼ぶ．①フォノン励起は非常に微弱であり，汎用 EELS の分解能では検出が難しい．これらのうちで明瞭なピークを示すものは②と④であり，元素分析や状態分析に用いられる．③プラズモン励起は明瞭なピークは示さないが価電子の状態に対応するため，定性的な結合状態の判別に用いられる．また，プラズモン励起全体の強度から測定領域の相対厚さを精度良く求めることもできる．⑤と⑥はスペクトルのバックグラウンドを形成する．

4.10.4 微細構造

Core-loss ピーク近傍（～30 eV 程度），あるいはさらに離れた（40～200 eV 程度）エネルギー領域における，スペクトルをそれぞれエネルギー損失吸収端微細構造（Energy Loss Near Edge Structure：ELNES）や，広域エネルギー損失微細構造（EXtended Energy-Loss Fine Structure：EXELFS）と呼ぶ．伝導帯の状態密度分布や原子の局所的な配置に関する情報が含まれるが，その解釈には第一原理計算に基づく理論予測スペクトルとの比較が必要になる．

4.10.5 エネルギー分解能

EELS はエネルギー分解能の高い分析法であるため，測定データは分光器そのものの性能以上に測定に利用する電子線のエネルギー分布の影響を受ける．

したがって EELS のエネルギー分解能を活用するためには，電子顕微鏡に電界放出型 FEG（できれば冷陰極型の CFEG）の電子銃が搭載されている必要がある．近年ではモノクロメータを組み込むことで電子線を単色化しゼロロスピークの半値幅で 30 meV 程度のものも市販されており，ELNES やフォノンの詳細な解析に活用されている．

4.11 特殊実験・周辺機器

TEM の使用法には，標準構成の本体のみでは行えない数多くの特殊実験がある．実験の内容によって周辺機器の追加や仕様変更が必要になる．本項では比較的一般的な特殊実験・周辺機器について紹介する．

4.11.1
特殊ホルダー・その場実験

特殊試料ホルダーを利用すると電子顕微鏡本体に変更を加えることなく機能を追加することができる．最も一般的な周辺機器であり，主な用法は試料に外場を印加して行うその場実験である．機能によっては試料周辺に大きなスペースが必要になるため，試料傾斜角が制限されポールピースギャップの狭い対物レンズでは利用できない場合がある．電子顕微鏡メーカーだけでなくサードパーティからも多様な試料ホルダーが市販されている．

●**特殊ホルダーの例**　加熱・冷却・応力印加・蒸着・磁場印加・電場印加・光照射・クリーニング・大気遮断・ガス導入 etc.

4.11.2
電子線トモグラフィー

高傾斜が可能な試料ホルダーで，数度刻みで±70°程度傾斜しながらS/TEM像を取得し，コンピューター上で試料の三次元構造を再構築する手法である．EDSを組み合わせた3D元素マッピングも行われている[17,18]．

4.11.3
プリセッション電子回折[19]

通常の電子回折の強度分布は多重散乱の影響を受けるため運動学的回折理論では説明できない．消滅則に従わないスポットが現れる場合もあるため，結晶の対称性を評価する上で問題となる．入射ビームに角度をもたせて歳差運動させながら試料に照射すると多重散乱の影響を軽減した回折パターンを得ることができる．ビームの歳差運動には照射系と結像系の偏向コイルを用いるため，これらの動作を制御するユニットを追加することで利用可能である．

4.11.4
結晶方位解析装置[20]

SEMにおける後方散乱電子回折（Electron Backscatter Diffraction：EBSD）と同様の結晶方位解析をTEMで行うための付帯装置である．薄いTEM試料で菊池線による方位解析は困難なため，プリセッション電子回折で取得した強度分布から方位を推定する．10 nm 程度までの結晶粒について方位マップを取得できる．

4.11.5 クライオ TEM

生体等の含水試料やソフトマテリアルの評価には凍結試料の低温観察が有効である．試料を低温に保持するためには，クライオトランスファーホルダーを使用する場合と，専用の冷却機構を備えたクライオ電子顕微鏡を用いる場合がある．凍結試料の観察には，試料作製＝観察＝データ解析それぞれの段階において汎用 TEM による実験とは異なる特殊な取り扱いが必要になるため，基本的に別種の装置であると考えたほうが良い．

4.11.6 環境制御 TEM

試料周囲にガスや液体を導入して実際に近い状態で観察を行う方法である．雰囲気制御には，隔壁のついた特殊試料ホルダーを用いる方式と，鏡筒に隔壁や差動排気機構を備えた環境室を設ける方式がある．

4.11.7 磁区観察（ローレンツ顕微鏡法・電子線ホログラフィー）[16)]

TEM では電子線が磁性試料を透過した際の磁気力による偏向を利用することで，試料内の磁区構造を観察することができる（ローレンツ顕微鏡法）．電子線バイプリズムと干渉性の高い電子線を使用する電子線ホログラフィーでは，磁束を可視化することも可能である．ただし，通常の TEM では対物レンズが生じる強い磁場で試料の磁区構造が破壊され単磁区化してしまうため，高い分解能を活用しつつ磁区観察を行うためには磁場シールド機能を有する特殊な対物レンズ（ローレンツレンズ）を備えた専用の TEM が必要となる．

Chapter 5

走査透過電子顕微鏡法（STEM）

走査透過電子顕微鏡法は，TEMにおいて細く絞った電子プローブを形成し，スキャンコイルで試料表面を走査し，透過した電子線の強度をマッピングしてSEMのような走査像を得る方法である．観察倍率にかかわらず電子プローブは常に試料表面で同じ状態で絞られており，任意の位置に自在に照射できるためEDSやEELSといった分析法と相性が良い．近年では収差補正装置を用いることで原子サイズ以下まで縮小した極微プローブが利用できるようになり，原子スケールの分析も可能となっている．

本章では，STEMについて初習者が押さえておくべき基本について解説する．

5.1 STEM概論

STEMはTEMの拡張機能として開発が進められてきた面があるため，特にアカデミアにおいてSTEM利用者の大半は古くからのTEM利用者（熟練者）という構成である．しかし本書では初習者にもSTEMの利用を勧めたい．STEMはTEMと比べて像解釈が容易である．また，SEMに近いオペレーションが可能であるため，技術修得にも取り組みやすい．結晶の原子分解能観察など，性能を使い尽くすためには，TEMの電子回折を活用した方位出しが必要になるが，よく調整されたSTEM現行機種であれば，SEMの高性能版として，数ナノメートル程度分解能での像観察や元素分析が可能である．いささか贅沢な使用方法ではあるが，TEMの経験を積むモチベーションを維持するためにも，同じ装置のSTEMモードで，研究に必要なデータを取得できることは有効であると考える．

5.1.1 STEMの特徴

表5.1はTEM/SEM/STEMの主な特徴を示している．装置の構成によって多少異なるがSTEMはTEMとSTEMの特徴を併せ持っていることがわかる．

5.1.2 TEMとの比較

実際のSTEMの多くはTEMの付帯機能として実装されている場合が多い．TEMと比較したSTEMの特徴は以下のとおりである．

①**操作性**　一度調整すればプローブ状態は一定で倍率を変えても走査範囲が変わるだけなので，TEMのように頻繁に軸調整を行う必要は少なく，扱いや

表 5.1　電子顕微鏡の特徴

	SEM	STEM	TEM
電子線	収束ビーム		平行ビーム
試料	バルク	薄膜	
加速電圧	～30 kV	30～3000 kV	
空間分解能	～1 nm	～1 Å	
観察対象	表面	内部構造	
検出信号	二次電子 反射電子	透過電子 熱散漫散乱電子	透過電子 回折電子
主な コントラスト の起源	組成コントラスト 凹凸コントラスト チャネリングコントラスト	組成コントラスト チャネリングコント ラスト	散乱吸収コントラスト 回折コントラスト 位相コントラスト
検出器	0 次元	0 次元 or 二次元	二次元（カメラ）
検出器位置	試料上部	試料下部	
像種別	透過像		走査像
像取得時間	長い		短い

すい．

②**分析**　電子プローブの状態が常に一定であるため，像観察のプローブ条件のままEDS/EELS等の分析が可能．

③**ビームダメージ**　電子線が1点に留まらないため，試料がダメージを受けにくい．

④**試料ドリフト**　像の撮影には電子線走査の分，時間がかかるため，試料ドリフトの影響を受けやすい．高分解能での撮影には鏡筒や試料ホルダーの機械的安定性が重要になる．

⑤**設置条件**　撮像時間が長くなる分，外来ノイズの影響を受けやすい．露光中に像が乱れた場合，TEMでは写真全体が少しピンボケするだけなので，時間が短ければ記録された像への影響は無視できることも多い．一方でSTEMでは乱れた瞬間の信号が走査像の各位置に記録されるため，影響が大きい（気がつきやすい）．高分解能が必要な場合は特に条件が厳しい．

5.1.3
スキャン・デスキャン

STEM においては，電子線を試料上で広範囲に走査した場合，周辺部では透過電子が光軸から外れてしまい，正しく検出器に入らず信号強度が変化する．そこで，試料を透過後に電子線の経路を光軸に振り戻す（de-scan）ことが必要になる．デスキャンには照射系のスキャンコイルと同期させた結像系の2段偏向コイルが使用される（**図 5.1**）．

5.2 STEM 像のコントラスト

STEM においては検出器のセッティングによって高分解能 TEM と同様の

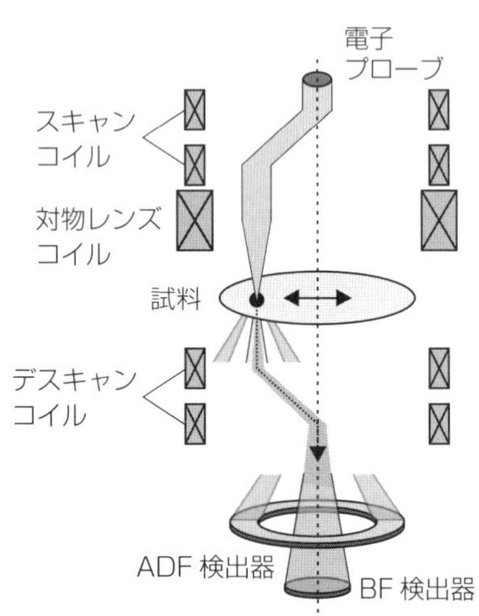

図 5.1 偏向コイルによる電子線の振り戻し

コントラストや，構成元素の平均原子番号に対応した強度を示すZコントラストが得られる[21,22]．

5.2.1 結像に用いる信号と検出器

熱散漫散乱　入射電子の一部は，試料を透過中に非弾性散乱される．STEMで用いられるのはエネルギー損失のない弾性散乱電子および入射電子が試料の熱振動（フォノン）を励起する際にエネルギーを失った熱散漫散乱（Thermal Diffuse Scattering：TDS）電子である．試料の構成原子が重たいほどTDSの寄与が増大し，散乱角も大きくなる．

電子チャネリング　一般に，試料に入射された電子は透過中の散乱によって広がるため，厚みのある試料では分解能低下の原因となる．結晶性試料において低次の晶帯軸に沿った原子カラムに入射された電子は，周囲の原子が作り出すポテンシャルに捉えられ，原子カラムに沿って伝播する（**図5.2**）．この現象を電子チャネリングと呼ぶ．チャネリングが起こると電子の広がりが抑えられる．

検出器　STEMで用いられる検出器には，主に弾性散乱電子を取り込むための円板状の明視野（Bright Field：BF）検出器と，特定の散乱角度をもった

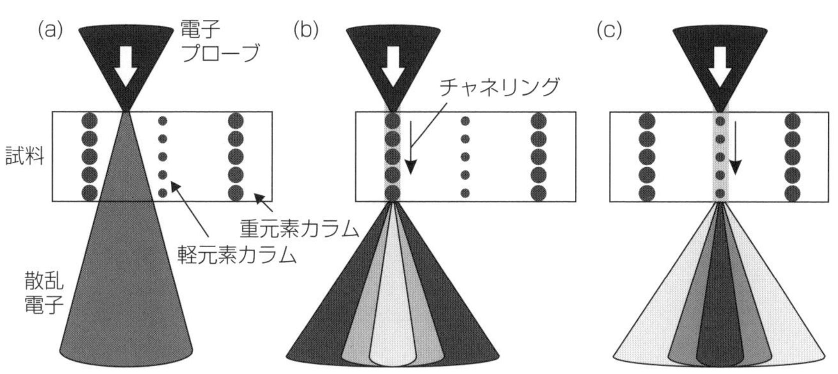

図5.2　原子カラムによる電子チャネリング

(a) 非カラム部（真空），(b) 重元素カラム，(c) 軽元素カラム．

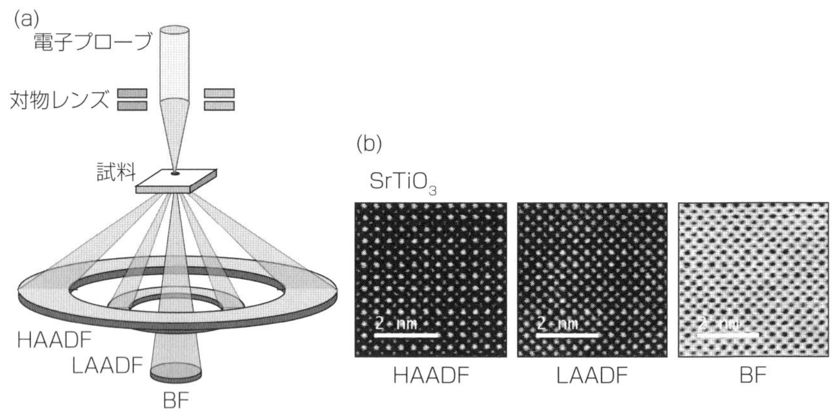

図 5.3 STEM 検出器とコントラスト

(a) ADF 検出器（HAADF, LAADF）と BF 検出器,（b）検出器によるコントラストの違い.

TDS 電子を取り込むためのドーナツ型の環状暗視野（Annular Dark Field：ADF）検出器がある（**図 5.3**（a））. BF の取り込み角は検出器や BF 絞りの直径で決まり, ADF の取り込み角は, 検出器の内径と外径で決まる. カメラ長を変えれば, 検出器を変えずに取り込み角を変更することができ, 円環状の ADF 検出器は同心円状に直径の異なるものを複数配置することも可能である.

5.2.2 STEM 像のコントラスト

STEM では検出器とカメラ長を調整することで, 様々な散乱角の透過電子を結像に利用できる（図 5.3（b））. 特に, BF 検出器を用いた STEM-明視野（BF）像と, ADF 検出器において取り込み角を十分高角（例：50〜200 mrad）にし高角度に非弾性散乱された電子を利用する STEM-高角度散乱暗視野（High Angle Annular Dark Field：HAADF）像が良く用いられる.

STEM-HAADF 像　コントラストは Z コントラストと呼ばれ, 像強度は原子番号（Z）の 1.4〜2 乗に比例する. つまり, 重たい元素ほど明るいコントラストを示し，高角側への散乱強度が弱い軽元素は見えにくい．また，インフォーカスで最もコントラストが強くなり，デフォーカスによる像の反転が生じないため，HRTEMと比べて像解釈がきわめて容易である．なお，ADFの取り込み角を低角度（25～50 mrad）に設定したものは低角度散乱暗視野（Low Angle Annular Dark Field：LAADF）と呼ばれ，HAADFでは見えにくい軽元素を観察できる．

STEM-BF像　STEM-HAADF像と相補的なコントラストを示すが，十分に小さい取り込み角の場合は，HRTEMと同等のコントラストを示すことが証明されている（相反定理）．つまり，STEM-BF像は回折の影響を反映している．一方で，試料厚みに敏感な等厚干渉縞や等傾角干渉縞は生じないため，TEMではシビアな回折条件のコントロールを要求される転位観察などにも活用できる．BF像においてダイレクトビームをカットし，周辺部のみを（10～25 mrad）利用した像は環状明視野像（Annular Bright Field：ABF）像と呼ばれる．像強度のZ依存が小さいため重元素と軽元素が混在したカラムを観察できる[23)]．

5.3 高分解能STEM

STEMの分解能はプローブ径に依存する．照射系に球面収差補正装置を備えた収差補正STEMのプローブ径はきわめて細く，1Å以下の空間分解能で原子を捉えることも可能である．特にZコントラストを利用できるHAADF-STEMにおいては輝点の位置に必ず原子が存在するため高分解能TEMに比べて格段に像解釈が容易である．本項では結晶性試料の高分解能STEM観察に必要な手順を示す．

5.3.1
観察手順

高分解能STEMの考え方はシンプルである．照射系を調整してプローブ径を原子サイズ以下に絞れば良い．結晶性試料の場合は厳密に電子線を晶帯軸入射することで原子カラムを可視化できる．具体的な方法は以下の通りである．

①視野探し：TEMモードで観察対象を探す．
②方位出し：電子回折モードで晶帯軸入射になるよう試料を傾斜する．
③アライメント：ロンチグラム（後述）を表示して照射系の調整を行う．
④方位出し（精密）：入射方位を厳密に観察部位の晶帯軸に合わせる．ロンチグラムの中心とチャネリングパターン（後述）の中心を一致させるように微調整する．
⑤プローブ形成：必要な収束角に応じた集束絞りを挿入する．
⑥走査像表示：スキャンを再開する．
⑦フォーカス：所望の倍率に設定し，フォーカスと非点補正を行う．

上記手順において，初習者のハードルになる点は②と③であるが，試料によって難易度が大きく異なる②方位出しと比較すれば，③はアモルファス領域を使用すれば同一手順なので，修得は容易である．②についても，方位指定された単結晶や積層膜のFIB試料であれば，省略できる場合が多い．慣れるまでは装置管理者にアライメントを手伝ってもらえば，基本的にSEMと同じ⑥⑦の走査で，原子分解能の像を得ることができる．

5.3.2
ロンチグラム

STEMモードにおけるアライメントには，収束電子プローブの走査を止めて試料を照射して得られる投影像（ロンチグラム）を用いる（**図5.4**）．対物レンズのフォーカスもしくは試料高さを調整して，プローブの収束点を試料と一致させると，スクリーン上には照射位置を無限大に拡大した像が得られる．収差のないプローブをアモルファス試料に入射した場合，ロンチグラムは平坦なコントラストを示すが，プローブに収差がある場合は，収差に対応した模様

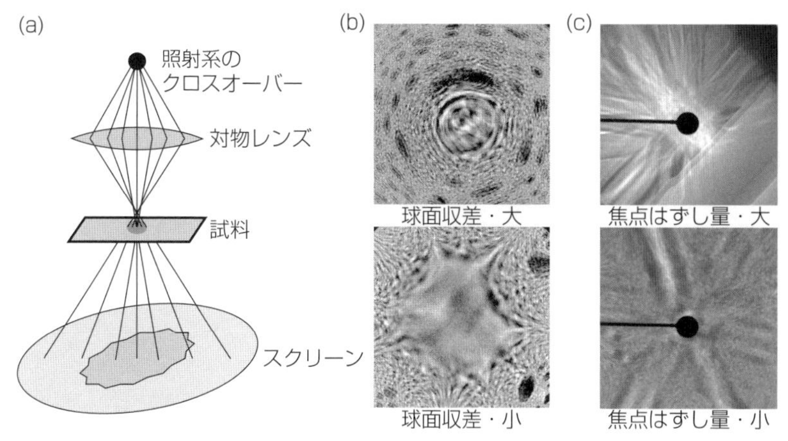

図 5.4 ロンチグラム

(a) 光線図，(b) ロンチグラム（正焦点・非晶質），(c) ロンチグラム（焦点はずし・結晶質）．

が現れる．平坦コントラスト領域のサイズまでは絞り径を広げて収束角を大きくしても球面収差に由来する像のボケが生じない．

通常の STEM 観察時は，平坦なコントラストを示す領域が最も広がるように，照射系の非点収差と軸上コマ収差を調整する．球面収差補正装置を使用し，他の収差が十分に補正されている場合，平坦コントラスト領域が大きく広がる．また，結晶性の試料でロンチグラムを表示すると，チャネリングパターンと呼ばれる菊池線やコッセルパターンに類似したパターン（コントラスト）が現れる．このパターンは結晶方位の違いによる電子チャネリング強度の違いを反映しているため，方位合わせに利用できる．フォーカスをはずすとより明瞭に観察できる（図 5.4 (c)）．

Chapter 6

試料作製法

TEM観察の成否は試料で決まる．もちろん装置の性能や実験者の技能も実験結果には影響する．かつては，熟練したオペレーターの職人技で最高級の装置の仕様の限界を超えた性能を引き出さなければ高品質なデータが得られなかった．当然試料も最上の仕上がりが求められた．しかし，現行の装置であれば，試料に問題がない限り，一定の手順で，十分な品質のデータを得ることができる．言い換えれば，試料の状態が悪ければ，高性能の装置を使用しても良質なデータを得ることは難しい．

本章では物質・材料系のTEM観察に用いる一般的な試料作製方法を解説する．

6.1 試料作製概論

TEM観察に用いる薄膜試料の作製はそれ自体が独立した1つの実験である．サンプリングの良否は観察結果に大きく影響し，試料の品質によってはデータが取得できないだけではなく，誤った結果が出る場合もあるため，観察と同等以上の注意を払う必要がある．

6.1.1 TEM試料の要件

TEM試料に要求される条件は以下の通りである（主に金属・無機材料および薄膜デバイスを想定）[24)]．

①電子線が透過できる厚さであること．組織形態観察・電子回折・EDS分析（～200nm）・高分解能STEM観察（～100nm）・高分解能TEM観察・EELS分析（～10 nm）

②観察可能部位が広く，対象物を明瞭に区別できること．

③導電性を有すること．

④磁化が十分に小さいこと．

⑤表面が平滑であること．

⑥湾曲していないこと．

⑦表面が清浄で十分乾燥していること．

⑧観察中にドリフトしないこと．

⑨観察中に破損しないこと．

⑩観察中に汚染（コンタミ）しないこと．

⑪薄膜化によるダメージや変形がないこと．

⑫不要な転位やアモルファス相が導入されていない．

⑬観察対象が重なっていない．凝集していない．
⑭結晶質試料の場合，所望の結晶方位まで傾斜可能であること．
⑮試料数が十分で追実験可能であること．

良質な試料を用いると，視野探しや観察条件の設定が容易で，短時間かつ安定して必要なデータを取得でき，像解釈も容易である．試料の絶対量が少ないなど，多少品質が悪くても強引に観察せざるえない場合もあるが，数倍以上の観察時間を要する上に，得られたデータが不鮮明で使いにくいことも珍しくない．装置の汚染や故障の原因となる場合もあるため，試料作製においては可能な限りこれらの要件すべてを満たすよう留意すること．

6.1.2 試料作製方法の選択

TEM 用薄膜試料の作製においては試料の材質・サイズ・形態によって適用できる手法が分類される（**表 6.1**）．作製法と試料材質の相性で仕上がりが大きく異なるため，非常に多くの手法やノウハウが提案されている[25,26]．良質な

表 6.1 材質に応じた薄膜化方法の分類

分類		試料作製法
バルク材料（φ3 mm の円板状試料が得られる場合）	金属	**電解研磨**，化学研磨が主流． 酸化物析出物などが共存する場合は，イオン研磨．
	酸化物・半導体	**イオン研磨**か粉砕法．化学研磨が使用できる場合もある．
	ソフトマテリアル	**超薄切片法**かイオン研磨
	複合材料	**イオン研磨**
極小片・脆性／軟弱材料		樹脂埋めして**イオン研磨**，もしくは FIB.
粉末	微粒子・ナノ粒子	そのままの状態で電子線が透過する場合，薄膜化は不要． **支持膜付き TEM グリッド上に担持**する． 凝集で粒子同士が重なることがある．
	粗大粉末	比較的大きい粒子（φ100 nm～）は電子線がほとんど透過せず，内部構造の観察はできないため薄片化する．
薄膜・断面・表面		**イオン研磨**もしくは FIB.

表 6.2 様々な TEM 用薄膜試料作製法

分類	試料作製法	特徴	注意点等	必要な器具等
支持膜担持法	懸濁法	微粒子を分散させた懸濁液を支持膜に滴下し担持させる方法.	懸濁粒子を十分に分散させる必要がある.	超音波ホモジナイザー
	ふりかけ法	微粒子を支持膜上に直接ふるい落とし担持させる方法.	分散が不十分になりやすい.	刷毛 ブロワー
	粉砕法	試料を粉砕し微粉末化し，支持膜に担持して観察する方法.	結晶方位が制御できず，視野探しが困難.	瑪瑙乳鉢・ふるい
試料薄片法	機械研磨法	Si 基板などを機械研磨のみで楔形の薄膜試料を得る方法．広範囲を薄膜化できる.	熟練が必要.	研磨装置 研磨治具 ラッピングフィルム
	電解研磨法	金属試料を電気分解で溶解し薄膜化する方法．再現性良く効率的に試料作製可能.	適切な電解液の選択．多相組織では選択エッチングが生じる.	電解研磨装置 電解液
	化学研磨法	酸やアルカリを用いて試料を溶解し薄膜化する方法.	強い研磨液を使用するため，研磨状態の制御がやや困難.	化学研磨液
	イオンミリング法	Ar イオンビームで試料表面をスパッタし薄膜化する方法．素材を選ばない.	予備研磨による機械的ダメージ．スパッタされた元素の再付着.	イオンミリング装置 ディンプルグラインダ
	イオンスライサ法	Ar イオンビームによるスパッタで断面試料を作製する方法．硬度差の大きい複合材料や多孔質で脆い材料にも適用可.	厚みのある試料を使用するため，TEM ホルダ取り付け時に試料が破損する場合がある.	イオンスライサ装置
	集束イオンビーム法（FIB 法）	Ga イオンビームで試料をスパッタし，任意の位置をサンプリングする方法.	イオンビームによる試料ダメージや Ga イオンの打ち込みが生じる.	FIB 装置
	超薄切片法	ダイヤモンドナイフで試料ブロックから薄片を切り出す方法.	熟練が必要．軟らかい材料のみ適用可.	ミクロトーム装置
レプリカ法	表面レプリカ法	試料の表面形態を転写したカーボン蒸着被膜（レプリカ）を観察する手法.	表面形態のみ観察可．結晶構造の情報は失われる.	真空蒸着装置 水溶性樹脂 溶剤
	抽出レプリカ法	試料表面にレプリカ膜形成後，マトリックスを溶解し，析出物のみを抽出する手法.	析出物を溶解しない研磨液の選択が必要.	表面レプリカ法＋研磨液

試料を得るためには，無数にある試料作製法から自らの試料に合ったものを探し出し，場合によっては新たに開発する必要があるが，設備や時間的な制約から実際には**表 6.2** に示したような典型的な試料作製手法が選択される．いざ試料を観察してみたら，状態が悪いということも良くあるため，選択肢として複数の試料作製方法をもっておくと安心できる．

6.2 試料作製・共通項目

本項では TEM 試料を取り扱う上で共通する項目をまとめて示す．

6.2.1 ピンセット

TEM 試料は小さく変形しやすいため，取り扱いの際は精密ピンセットを用いて，試料が変形しないように真上からではなく横から挟むこと．ピンセットの形状は先端部分が小さく試料が陰になりにくい 4 型や 5 型が使いやすい．やや高価だが，Ti 製が軽く丈夫で耐食性が良く，帯電せず非磁性のためお勧めである．電子部品ピックアップ用の吸着・粘着式ピンセットも使いやすい．

6.2.2 試料ケース／保管／輸送

試料保管にはゼラチンカプセルや TEM グリッドケースが用いられることが多いが，空隙があり試料が動きやすいため，振動で試料が破損する場合がある．輸送の際は，試料を 1 枚ずつ薬包紙で包み，樹脂製ケースに入れると良い．酸化が問題になる場合は，ケースごと真空パックする．ウエハーキャリア用のゲルポリマーシート付きのケースは試料を半固定できるため，FIB 加工試料の保管に便利だが，保持力が強いため試料を取り外す際に変形させないよう注意する．

6.2.3 予備加工

試料の予備加工はSEMや光顕試料の作製法と共通する部分が多いため参考となる[27]．ただし，TEM試料では小片を直接取り扱うため注意が必要である．ここでは電解研磨やイオンミリングによるTEM試料作製の出発となるϕ 3 mmの円盤試料を得るための予備加工法について述べる．

①**切出し**　機械的ダメージを避けるために低速カッターや放電加工機で試料を10×10×0.5 mm程度の薄板状に切り出す．

②**試料仮貼付**　作業しやすいように，研磨治具（ガラス板）に試料を貼り付ける．試料貼り付けはアルコワックス等のホットメルト系固形ワックスが取り扱いやすいが，温度上昇を避けたい場合は，シアノアクリレート系瞬間接着剤を使用する．ガラス板と試料の間に隙間があると平行面が得られないため，接着剤が硬化する前に爪楊枝で軽く押さえて密着させる．薄い試料は変形しやすいため注意する．

③**研磨（平面出し）**　平滑なガラス製の研磨盤に敷いたSiC耐水研磨紙で#1000～2000まで順番に研磨して平面を出す．TEM試料作製用の平行研磨器を使用すると作業が容易である．研磨中は潤滑と冷却のために流水等で研磨面を濡らしておく．

④**試料反転**　ガラス板から試料を取り外し，反転させて貼り付ける．ワックスを使用した場合は，ホットプレートで温めて剥がし，アルコールで拭き取る．瞬間接着剤を使用した場合は，アセトンに浸漬してしばらく放置する．

⑤**研磨（厚さ調整）**　#600番程度の耐水研磨紙で約100 μm厚まで研磨し，さらに#1000～2000で50 μm（強磁性試料の場合は約20 μm）厚まで研磨する．試料厚さはマイクロメーターで測定する．研磨途中の厚さ確認は全体の厚さからガラス板の厚みを差し引いて求める．力の入れすぎによる試料変形に注意する．特に，転位観察が目的の場合など，研磨由来の転位導入を避けたい場合は薄くしすぎないこと．

⑥**打ち抜き** ディスクパンチ・放電加工機・超音波加工機でϕ 3 mmの円板状試料を打ち抜く．バリが残った場合は研磨で取り除く．電解研磨の場合は，この段階の試料を使用する．

⑦**鏡面研磨** ガラス板に貼り付けた円板状試料を粒径1 µm程度のダイヤモンド砥粒でバフ研磨し鏡面を出す．ディンプリングをしないでイオン研磨に供する場合は，両面とも鏡面を出す．

⑧**ディンプリング** ディンプルグラインダに金属ホイールを取り付け，1 µm程度のダイヤモンド砥粒で研磨し凹みをつける．最薄部の試料厚みは5～10 µm程度とする．さらに，バフホイールに取り替えて鏡面研磨する．機械ダメージが問題になる場合は，金属ホイールを使用せずにバフのみで凹みをつける（時間はかかる）．

⑨**試料補強** ミリング用試料の場合は，約2 mm角に切断して補強用の単孔メッシュに貼り付けても良い．TEMホルダーにセットできない場合があるため，メッシュを貼り付ける場合は，メッシュの外側に試料がはみ出さないように注意する．

6.2.4 TEM用メッシュ

電子顕微鏡用のメッシュはTEM観察試料を載せる直径3 mm厚さ20～50 µm程度の金属板であり，丸い孔の空いた単孔メッシュや，格子状の孔の空いたグリッドメッシュ等がある（**図6.1**）．孔のサイズ／間隔は数十マイクロメー

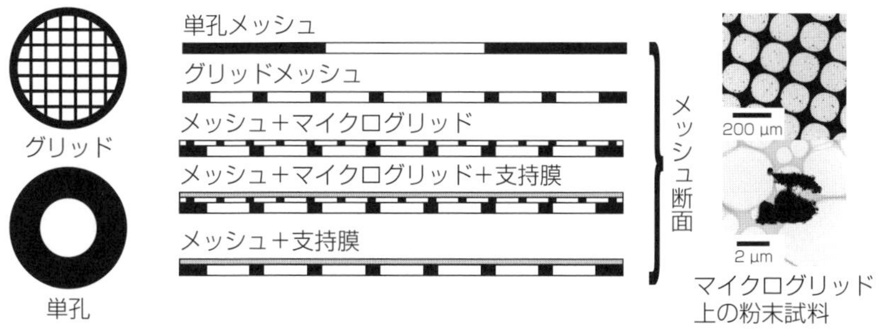

図 6.1 TEM用グリッド

トル～1 mm 程度であり，材質は Cu，Mo，Pt，ステンレス等がある．元素分析を行う場合は，対象元素が含まれていない材質を選択する．保管状態が悪いと支持膜が壊れやすくコンタミの原因にもなるため，新しいものを使用し，真空デシケーターで保存する．

TEM 用グリッド　シート状試料をそのまま載せて観察を行うほか，補強として試料に接着して使用する．接着には常温硬化型のエポキシ樹脂が用いられる．

マイクログリッド　粉末試料など，粒径が数十マイクロメートル以下の試料はグリッドメッシュでは孔の間隔が大きく保持できないため，数マイクロメートルの多数の孔が空いた酢酸酪酸セルロース（トリアホール）製の膜（マイクログリッド）を貼って使用する．マイクログリッドは電子線を透過するが像質は良くないため，開口部（真空部分）を観察する．

高分子支持膜／カーボン支持膜　マイクログリッドで支持できない微小試料は開口部のない支持膜を用いて試料を支持する．使われてきたコロジオンやフォルムバール等の高分子製支持膜は強度が高く取り扱いが容易だが，膜厚が厚い（30 nm 程度）ため，高倍率の観察において像質が悪い．ナノ粒子など高倍率での観察が必要な場合は，数ナノメートルの膜厚が得られるカーボン支持膜を使用する．カーボン支持膜単体では強度が弱いため，マイクログリッドと一体化させたものが良く使用される．

グラフェン支持膜　単層あるいは数層からなるグラフェンシート支持膜はカーボン支持膜よりも薄く TEM 像に与える影響がきわめて小さいため利用が増えている．グラフェンシートは周囲の原子を吸着しやすいため長期間保存された市販品は汚染が進んでいる場合があるため注意する．

6.3 イオン研磨法

イオン研磨法はArで試料をスパッタし薄膜を得る方法である．試料の材質を選ばないため広く用いられている．希望する観察方位によって平面研磨と断面研磨を使い分ける．

6.3.1 イオンミリング法（平面ミリング・断面ミリング）

Arイオンビームを回転する試料の両面に照射し，表面をスパッタして薄膜化する手法である．試料材質を選ばないため幅広く利用されている．ビームダメージによる表面の非晶質化や，スパッタ元素の再付着（リデポジション）に注意が必要である．

バルク平面試料（図6.2）

①**出発試料**　#1000以上で平面出ししたディスク状試料（6.2.3項参照）をホットメルト系固形ワックスで研磨治具（ガラス板）に貼り付ける．

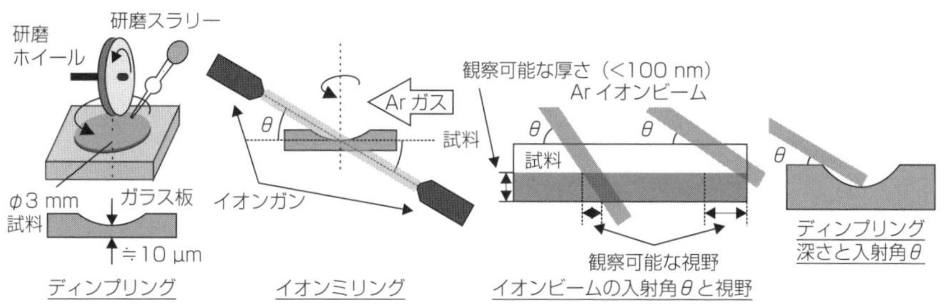

図6.2 イオンミリングによる平面観察試料作製

②**試料研磨**　1 μm ダイヤモンドスラリーでバフ琢磨し片面鏡面研磨する（両面かけても良い）.

③**ディンプリング**　加工時間の短縮と，低角でのビーム入射（後述）のために，ディンプルグラインダで試料中央に凹みを形成する．金属製研磨ホイールで粗加工後，バフホイールとダイヤモンドスラリーで鏡面加工する．最薄部の厚さは5～10 μm 程度とする．機械ダメージが無視できない場合は，金属ホイールを使用せず，バフホイールのみで凹みをつけることも可能.

④**試料補強**　エポキシ樹脂で単孔メッシュを貼り付け，ホットプレートでガラス板ごと加熱してワックスを融かし，試料を取り外す．試料に残ったワックスはアルコールで十分除去する.

⑤**イオンミリング装置調整**　イオンミリング装置は使用前に必ず光軸の確認・調整を行う．正しく試料にビームが当たらないと，加工時間が長くなるだけではなく，目的外の箇所が研磨されリデポの原因となる.

⑥**イオンミリング加工（孔開け）**　加速電圧は試料に応じて 3～6 kV とする．入射角度は小さいほど広い領域が薄膜化されるが，低角すぎるとディンプルの底にビームが当たらず，試料外縁やホルダーがスパッタされてリデポの原因となる．試料を冷却するとミリング時のリデポやダメージが軽減できる.

⑦**イオンミリング（仕上げ）**　入射角度を高角側へ倒し，加速電圧を 0.5～2 kV にして試料表面のダメージ層を除去する.

貼り合わせ試料（断面，微小試料）

積層膜の界面や試料表面など断面方向からの観察を行う場合は，電子線の入射方位と界面の方位を一致させるために，貼り合わせ試料を用いる（**図6.3**）．微小試料を挟み込んで薄膜化することも可能である.

①**試料洗浄**　試料表面に残留した切断屑や，油脂汚れは接着不良の原因となるので，超音波洗浄で完全に除去しておく.

②**貼り合わせ**　試料同士を熱硬化型のエポキシ樹脂で貼り合わせる．十分接着されるように，バイス等で圧力を加える．微小試料の場合は，接着剤と混ぜ合わせてダミー試料で挟み込む．ダミー試料にはカバーガラスや Si 基板等を使用する.

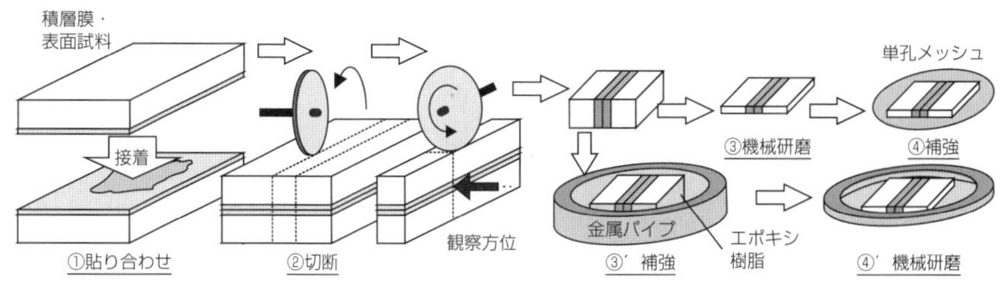

図 6.3　イオンミリングによる断面試料作製

③**切出し**　貼り合わせサンプルを低速カッターで 0.5〜1 mm 厚×2 mm 角に切断する．補強のために，φ3 mm の金属パイプ内に試験片を入れて樹脂包埋するのも有効である．

④**平面研磨・ディンプリング**　平面試料と同様に研磨，ディンプリングする．貼り合わせ面はバルク試料と比べて強度が低く，剥がれやすいため，過度な力がかからないように注意する．ペースト状砥粒によるバフ研磨は選択研磨が起こりやすいため，砥粒が固定されているラッピングフィルムで研磨するのも有効である．

⑤**イオンミリング**　平面試料と同様にイオンミリングで孔開け，仕上げを行う．

6.3.2 イオンスライサ法

比較的厚い（100 μm）の短状試料とイオンガンの間にシールドベルトを配置し，露出した箇所をイオン研磨し薄膜化する手法である（**図 6.4**）．研磨角度が小さく広範囲が薄膜化され，リデポも少ない．ディンプリングを行わないため，予備研磨による機械的ダメージの影響を受けない．脆性・軟弱材料を含めて再現性良く高品質な断面観察用試料を作製できる．

①**表面保護**　予備研磨時の試料表面保護のため，エポキシ樹脂でカバーガラスを貼り付ける．微小試料を挟み込んで薄膜化することも可能．

②**切出し**　低速カッターで 1 mm 幅程度の短冊状ブロックを切り出す．

③**研磨**　ラッピングフィルムシートで規程サイズ（2.5×0.5×0.1 mm）まで研

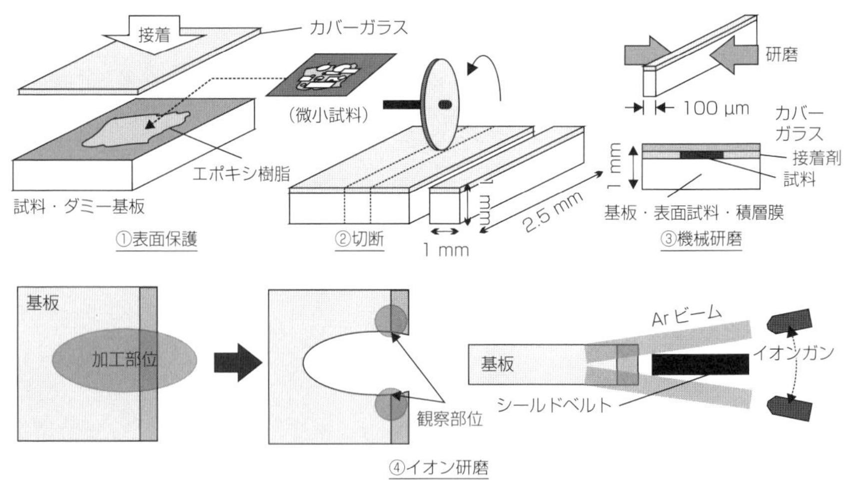

図 6.4　イオンスライサ法

磨する．

④**試料取り付け**　熱可塑性ワックスでイオンスライサ用試料ホルダーに試料を貼り付ける．

⑤**イオン研磨**　加速電圧 3〜6 kV 程度で，イオン研磨する．装置内のカメラで試料状態を確認して，微小孔が空いたら研磨終了．

⑥**仕上げ研磨**　ダメージ除去のために 1〜2 kV 程度で仕上げ研磨する．

⑦**メッシュ貼り付け**　エポキシ樹脂で単孔メッシュを貼り付け，ホットプレートで加熱して，試料ホルダーから取り外す．

6.4 集束イオンビーム（FIB）法

集束イオンビーム（Focused Ion Beam：FIB）法は半導体デバイスの加工技術をTEM試料作製に適用するものであり，集束したGaイオンビームで試料を観察・加工する[28]．近年主流のデュアルビーム装置ではSEMで試料位置・状態を随時確認，補正しながらFIB加工が行えるため，試料内の微小領域から選択的に薄片試料を得ることができる．高度な職人技を必要とせず一定の訓練で良質なTEM試料を再現性良く作製できる．一方で，装置の状態はサンプリングごとに徐々に変化するため，年に数回しか使用しないような場合，装置のコンディションの変化を吸収しながらサンプリング品質を維持することは困難なので専任オペレーターへの依頼も検討すべきである．

FIBによるTEM薄膜試料の作製方法にはマイクロサンプリング法[29]とリフトアウト法[30]があるが，ここではマイクロサンプリング法を説明する．

6.4.1 マイクロサンプリング法

FIBで試料から小片を取り出してTEM用メッシュに固定してから薄片化する方法である（**図6.5**）．

①**試料挿入**　樹脂包埋試料など，SEM観察できる状態の出発試料をFIB用TEMグリッドともに試料をFIB装置に導入する．

②**視野探し**　SEM機能を使用してTEM試料化したい位置を探す．EBSD機能がある場合は，所望の結晶方位を探すことも可能である．ただし，試料内部において必ずしも結晶粒が表面と同じ方位を有するとは限らないため注意すること．

③**保護膜形成**　チャンバーに炭化水素ガスを導入し薄膜化したい位置にビーム

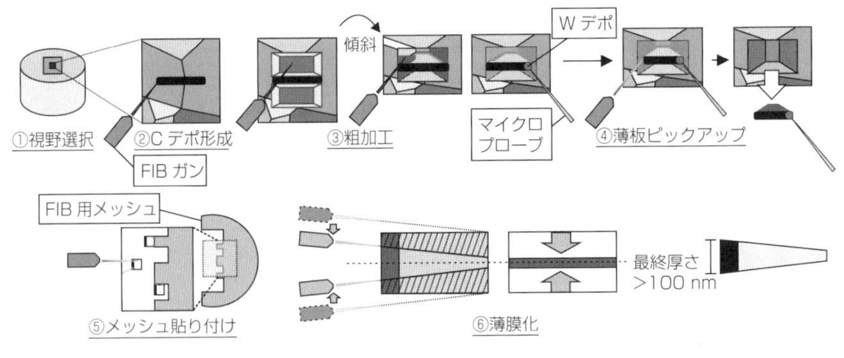

図 6.5 FIB-マイクロサンプリング法

を照射しＣデポ膜を形成する．

④**粗加工**　FIB でＣデポを挟んで上下に大きく掘り進み，薄板を形成する．

⑤**薄板ピックアップ**　(a) ステージを傾けて，薄板と試料の境目の一部を残して FIB で切断し，(b) ピックアップ用マイクロプローブを薄板に接触させ W ガスを導入して，ビームを照射し W デポを形成し接着する．(c) 試料と薄板を切り離し，(d) プローブを動かして薄板を引き抜き，(e) FIB 用の半月状メッシュのピラー先端もしくは横側に W デポで接着し，(f) プローブと薄板の W デポ部を切断する．

⑥**薄膜化**　FIB で試料を掘り進める．最終的にＣデポが 100 nm 程度残るように加工すると，全体が 100 nm 以下の楔状試料が得られる．試料が薄くなると湾曲するため，試料を傾斜させて照射位置を調整する．

⑦**仕上げ研磨**　サンプル表面は多量の Ga イオンが打ち込まれ，ダメージでアモルファス化しているため，低加速の Ga イオンビームで仕上げ研磨を行う．必要な場合は Ar イオンミリングによるダメージ除去行う（通常のイオンミリング装置を使用するが，Ar ガンを備えたトリプルビーム型の複合 FIB 機も市販されている）．

6.5 電解研磨法

電解研磨法は金属材料の最もオーソドックスな薄膜試料作製法である[25]．適切な電解液と研磨条件がわかっている場合は，良好な薄膜試料を短時間で再現性良く量産可能である．多相試料に適用する場合は結晶粒ごとの組成の違いによって研磨状態に差が生じる選択研磨に注意する．

6.5.1 ツインジェット電解研磨法

ツインジェット法は金属試料の両面に電解液を吹きつけながら通電することで，電気分解により試料を溶解し薄膜化する手法である（**図 6.6**）．孔が空くと光センサで検知し動作を止めるので，孔周辺の薄膜部分を観察する．

①**出発試料** 6.2.3-4 項で得た円板状試料を使用する．試料は予備を複数準備しておく．

②**電解液選択・調整** 材質に応じた電解研磨液を使用する．代表的な研磨液は

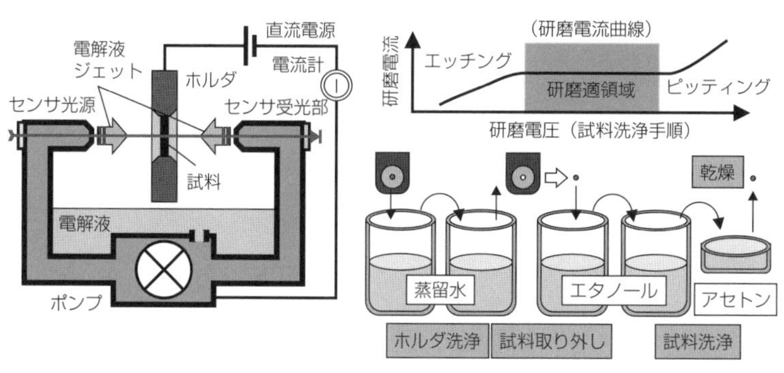

図 6.6 ツインジェット電解研磨法

硝酸系，硫酸系，リン酸系，過塩素酸系がある．電解研磨液は合金種によって適切なものが異なるため，類似組成試料のTEM観察結果が含まれる論文等を参考にする[31,32]．光顕／SEM試料用の研磨液も参考になる．有毒ガスが発生するものや爆発の危険がある研磨液もあるため取り扱いは十分注意すること．

③**研磨条件設定**　研磨電圧（電流）を大きく変化させながら実際に研磨を行い，研磨状態を確認し，両面とも金属光沢がでる電圧を選択する．電圧－電流曲線におけるプラトーから，研磨電圧を自動設定する装置もあるが，研磨液の状態は一定ではないため，必ず研磨状態を確認する．光沢が出ていない場合（エッチング）は，電流密度を上げると改善することが多い，上げすぎると，研磨面が荒れ（ピッティング），薄膜領域が狭くなる．改善しない場合は電解液を変更する．電解液を冷却すると，反応がマイルドになるとともに研磨液の粘度が上がり，反応層が安定するため，研磨状態が改善する傾向があるが，選択エッチングや試料の変質が生じる場合もある．

④**電解研磨**　通常の研磨条件であれば30秒～1分程度で孔が空き，自動的に研磨が終了する．同一合金系の試料はほぼ同じ条件で研磨可能なので，予備を含めて3～5個ずつ研磨する．

⑤**試料洗浄**　研磨終了後は試料の酸化，腐食，汚染を防止するため，十分に洗浄する．

⑥**試料乾燥**　アセトン等揮発性の高い有機溶剤を入れたシャーレに試料を5～10分浸漬する．試料を取り出し，アセトンを乾いた濾紙に吸わせて乾燥する．あらかじめシャーレに濾紙を敷いておくと試料を取り出しやすい．

6.6 支持膜担持法（分散法・ふりかけ法）

粉末等（最大でϕ100 nm程度）の微小試料を支持膜で担持し観察する手法[25]である．懸濁液を使用する方法と溶媒を使用しないふりかけ法がある．粒子が凝集すると観察できないため十分に分散する必要がある．

6.6.1 懸濁法・分散法

有機溶媒あるいは水などの分散媒に試料を懸濁し，支持膜に滴下・担持する手法である（**図 6.7**）．

①**支持膜選択**　粒子のサイズ，形状，観察目的に応じて，マイクログリッドもしくは支持膜付き TEM グリッドを選択する．溶媒の種類や pH によって使用可能な支持膜やグリッドの材質が制限されるため，データシートを確認して液性にあった材質を選択する．

②**親水化処理**　市販のマイクログリッドや支持膜の多くは，補強と導電性確保の目的でカーボン蒸着されている．疎水性であり，懸濁液が広がりにくいた

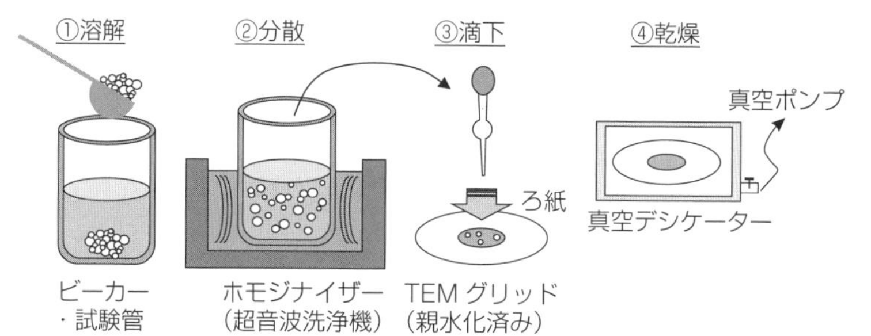

図 6.7　懸濁法（超音波分散法）

め，大気プラズマで親水化する．長時間のプラズマ処理は支持膜の強度を低下させるため注意する．

③**懸濁液作製**　有機溶媒もしくは蒸留水に，試料粉末を溶解させて，懸濁液を作製する．溶媒は試料に応じて分散性の良いものを選択する．

④**均質化**　超音波ホモジナイザーもしくは超音波洗浄機を用いて懸濁液の凝集を解き分散・均一化させる．一次粒子を観察したい場合は懸濁液の濃度を下げて，超音波照射を長めに行う．

⑤**懸濁液滴下**　濾紙上にグリッドを置き，懸濁液をスポイトで滴下する．大きな粒子が沈んでいるため，懸濁液をとる際は容器の底を避ける．余分な液は濾紙で吸い取る．

⑥**乾燥**　真空デシケーターで十分に乾燥させる（1昼夜程度．ホットプレートで試料に影響しない範囲で100℃程度まで加熱しても効果がある）．乾燥が不十分な場合は試料がコンタミするだけではなく，TEMの真空度を悪化させ，故障の原因となる．蒸留水は揮発しにくいためしっかり乾燥させる．

6.6.2
ふりかけ法

溶媒を使用せずに粉砕した試料をグリッドに直接ふりかけ観察する手法である．

①**粉砕・分級**　大きな粒子は電子線を透過しないため，メノウ乳鉢で十分に粉砕する．大きな粒子はふるいで分級して取り除く．

②**支持膜選択**　懸濁法の場合と同様にTEMグリッドを選択する．

③**ふりかけ**　脱脂綿／綿棒を毛羽立たせて粉末を絡ませ，TEMグリッドの表面を良くなでる．余分な粒子はブロアーで除去する．

6.7 仕上げ・クリーニング・コーティング

サンプリングの過程あるいは試料の保存中に導入されたダメージや汚染は観察の妨げになるため，仕上げ研磨やクリーニングで状態を整える．

6.7.1 仕上げ・ダメージ除去

イオン研磨された試料の表面はアモルファス化しており，化学研磨・電解研磨で作製された試料の表面には酸化皮膜が生成している．このような表面ダメージ層の除去には低加速電圧（例えば0.1～0.5 kV）の追加ミリングが有効である．

6.7.2 乾燥・脱ガス・クリーニング

①**乾燥・脱ガス**　真空デシケーターや試料加熱による脱ガスが有効である．

②**プラズマクリーニング**　試料がコンタミする場合は，TEM専用のプラズマクリーナーで，試料やホルダーを数分間クリーニングして炭化水素を除去する．長時間のプラズマ曝露は試料にダメージを与えることがあるため注意する．汚染量が多く，コンタミが軽減しない場合は，低加速の追加ミリングも有効である

6.7.3 試料コーティング

酸化物等の導電性の悪い試料は電子線照射によりチャージアップしやすい．試料が帯電すると，観察が困難になるだけではなく，コンタミの原因にもなる

ためカーボン蒸着して試料表面の導電性を確保する．導電性のある TEM グリッドで試料を挟むだけで改善する場合もある．

Chapter 7
技能修得・トレーニング

本章では，TEM 技能修得のためのトレーニングメニューを提示する．

技能修得の基本的な考え方は以下の通りである．

1. 技能ごとにステップを分ける．
2. 練習用試料を用いる．
3. STEM 技能の一部を先行して修得する．

実サンプルを使った場当たり的なトレーニングでは，必要なデータがとれるとそこで中断されることが多い．継続的な利用を考えているならば，基本技能を確実に修得しておこう．また，3 は SEM の高性能版としての限定的な利用を想定している．方位出しを伴わない STEM 像・EDS マッピングができるようになれば，それだけでも継続的に S/TEM を使い続けるきっかけになる．

7.1 トレーニング概論

表 7.1 に本書で提案する TEM のトレーニングプログラムを示す．想定対象者は材料・物質・デバイス系の研究に関わる学生や若手研究者である．研究分野によって実験の実際は大きく異なるため，共通する内容に絞っている．

表 7.1　TEM トレーニングプログラム例

	区分	項目	目的
1	共通	基礎 1（開始・中断・終了）	試料脱着と観察開始終了
2	共通	基礎 2（照射系調整）	各スイッチ・ノブ，付帯装置などの操作方法を確認する
3	TEM	1．基本操作	簡単な試料で試料傾斜を行わずに基礎的な観察（電子回折／明視野／暗視野／高分解能）を行える
4	TEM	2．単結晶（方位微調整）	単結晶の方位微調整が行える
5	TEM	3．単結晶（方位出し・試料傾斜）	単結晶試料の方位出しを自在に行う 晶帯軸入射と 2 波条件
6	STEM	1．基本観察	STEM で中低倍の観察を行える
7	STEM	2．ロンチグラムを用いた軸調整	収差補正 STEM で原子サイズまでプローブを絞って観察する
8	STEM	3．高分解能観察	STEM で結晶試料の高分解能観察を行える
9	STEM	4．元素分析（EDS）	STEM-EDS（点分析・ライン分析・マッピング）を行える
10	STEM	5．EELS	STEM-EELS でにスペクトルを取得する
11	共通	ソフトウェアの活用	必須ソフトの取り扱い

7.1.1 トレーニングをはじめる前に

通常のTEM実験は①視野探し，②方位出し，③観察・測定の順で行われる．以下それぞれの段階について解説する．

①**視野探し**　半導体デバイスや微粒子，あるいは，実験者が十分に経験を有する試料であれば，形態的特徴から観察対象を選択することは可能である．しかし，多相試料や未知相が含まれる試料など，形態的特徴から観察対象と断定できない場合は，結晶学的特徴（結晶構造や周辺粒子との方位関係）から判断を下す必要がある．

②**方位出し**　TEMで行う方位出しは，（ア）晶帯軸入射もしくは（イ）2波励起のどちらかの条件の回折パターンを得るために行う．結晶構造の同定には（ア）晶帯軸入射で得られた対称性の良い電子回折パターンを用いる．観察対象から推定されるものと同一のパターンが現れるまで，粒子ごとに晶帯軸入射のパターンをチェックする．（イ）2波励起はTEM像に解釈可能なコントラストを与えるために使用するため，③観察・測定に含まれるものとする．

③**観察・測定**　形態的もしくは結晶学的特徴から対象を選択できたら，電子光学系のアライメント調整および装置条件を設定して観察・測定を行う．像観察の場合は，必要に応じて2波励起条件を満たすように試料傾斜も行う．

以上が通常のTEM実験の流れである．この中で①②は試料・実験内容・実験者の経験に依存する部分が多いが，③は正しい手順で作業を行うことが重要である．したがって，TEMの技能修得は③からはじめると効率が良い．

●**経験の重要性**　実際の実験においては①②を行き来しながら観察対象を選択するが，電子回折による相同定はほぼ例外なく必須となる．方位を指定して薄膜化した積層膜試料等を除けば，結晶方位は多くの場合ランダムであるため，方位出しは省略できない．また，複雑な微細組織に含まれる多数の結晶粒について，一つ一つ構造を確認することは時間がかかり，装置の制限から試料傾斜範囲が狭い場合もある．したがって，通常は，電子回折パターンを観察しながら，試料を移動させ，次々と変化する回折パターンの中で「知っている」回折パターンを探すことになる．ただし，現れる回折パターンは都合良く「知っている」晶帯軸入射のものとは限らず，複数の粒子からのパターンが重なっている場合もある．ノイズだらけのデータから素早く正しい視野を選び取るために，経験の果たす役割は非常に大きい．言い換えれば，たとえ熟練者でも，経験のない試料の観察には十分な時間が必要になる．したがって，研究者自身がTEMの操作技能を身につけ自ら実験することが重要である．

●**トレーニングの目標**　TEMの技能修得において初習者が取っ付きにくいのは，電子回折を用いた相同定や方位出しである．最初から電子回折を使いこなすことは難しいため，繰り返し実験して少しずつ慣れていくしかないが，STEMの活用によりハードルを下げることが可能である．STEMの基本的な操作はSEMと類似している．またSEMと同様に，各種分析と相性が良く元素マッピングを利用することで，結晶構造ではなく化学組成から相同定を行うこともできる．よく調整された球面収差補正装置付きの現行フラッグシップ機であれば，空間分解能数ナノメートル程度の観察に熟練は要さない．原子分解能が必要な場合は，方位出しが必須となるが，多くの場面において高性能SEMのような使い方が可能である．いささか贅沢な使い方ではあるが，技術革新の結果として，手軽に高空間分解能観察が可能になったのであるから，研究に活用しない理由はないだろう．本章では，トレーニング継続のモチベーションをSTEMによるデータ出しで維持しながら，並行して電子回折を用いた相同定や方位出しなどの経験を重ねて，S/TEM技能を身につけていくことを想定している．

7.1.2 安全

実験を行う上で安全には最優先で注意を払わなければならない．現行の装置は良くデザインされているため通常の使用においてユーザーが危険に晒されることは少ないが，本質的に危険が存在しないという意味ではない．注意を怠れば怪我や死亡の原因となりうるリスクがいくつもある（**表7.2**）．使用にあたっては特別な事前研修や使用許可が必要な場合も少なくないため，設置機関のルールを良く確認すること．

表 7.2 電子顕微鏡使用における主な安全上の注意点

危険項目	リスク	内容
放射線	被爆	運転中の電子顕微鏡内部ではきわめて強力な放射線が生じている．通常は鏡筒外へ放出されることはないが，改造やメンテナンスで外装を取り外した場合など遮蔽が不十分になる可能性がある．したがって設置機関によってはX線装置等と同様に利用登録，教育訓練を義務づけている場合がある．
高圧電流	感電	加速電圧を発生させる高圧電源だけではなく様々な箇所に1000 V超の電圧が使用されている
高圧ガス 液化ガス	窒息	絶縁に用いられる SF_6 や鏡筒リーク用の圧縮窒素（N_2），その他付帯装置用のAr等様々な窒息性の高圧ガスに加えて，EDS検出器・試料汚染防止装置において液体窒素（LN_2）が使用されているため，ガス漏出や換気不十分による窒息の可能性がある． また高圧ガスは使用にあたっては設置機関における教育訓練を受講する必要がある．
寒剤	凍傷	EDS検出器・試料汚染防止装置の動作のために寒剤として LN_2 を使用するため凍傷の可能性がある． 寒剤の使用には設置機関における教育訓練を受講する必要がある．
有害物質	健康被害	分析用試料ホルダには有害金属のBeが使用されているため，粉塵・ヒューム曝露に注意する．

7.1.3 装置マニュアル

実際に装置を操作する前に，管理者に依頼し装置のマニュアルを入手しておくこと．管理者が初習者用の簡易マニュアルを整備している場合も多いが手順のみが記載され，その操作を行う理由や，動作原理には触れていないことが多い．正規のマニュアルはリファレンスとして重要である（ただしマニュアルに記載されていない手法もある）．また，本書では紹介するトレーニングメニューにおいては基本的に日本電子製のTEMにおけるボタン・ノブ・機能等の名称を使用している．他メーカーの装置においても構成要素ごとの基本機能や動作は共通しているが，名称が異なる場合があるので，マニュアルで各要素の機能と名称を確認して適宜読み替えて実習に活用してもらいたい．

7.2 トレーニング：共通・基礎

7.2.1 基礎#1（開始・中断・終了）

TEMの実験では観察以外にもいくつかの操作がある．まずは，実際の観察に入る前に，「開始・中断・終了」の手順を解説する．TEM観察におけるトラブルはこのタイミング（特にホルダー挿抜）で発生することが多い．

① TEMの起動と加速電圧印加および軸調整は管理者によって済んでいるものとする．練習にはダミーのTEMグリッドを使用する．

②**試料セット**　試料ホルダーに薄膜試料をセットし固定する．真空内へ挿入されるOリングより先を素手で触らないこと．ホルダーの先端は繊細なので，不要な力をかけないよう注意する．試料固定用のスペーサー・ネジ等のパーツは高価で調達に時間がかかるものが少なくないため，紛失に十分気をつける．

③**ホルダー確認**　試料をセットしたら使用するホルダーの状態を確認する．Oリングに付着したゴミは真空リークの原因となるため，Oリングを破損しないように注意して取り除く．

④**クリーニング**　必要に応じてプラズマクリーナー等でクリーニングを行う．使用法は装置ごとに異なるため管理者に確認する．支持膜試料を強くクリーニングすると支持膜ごと消失する場合があるため，事前に条件出しを済ませておく．

⑤**ホルダー挿入**　ステージ位置を初期化し，インレンズ絞り，EDS検出器等が抜かれていることを確認する．真空リークに注意してホルダーを挿入する（この手順を失敗して真空リークが生じると，再起動・再調整で半日以上かかる場合もある）（強磁性体を挿入する場合は，必ず管理者の許可を取る．

対物レンズをOFFにして挿入する）.

⑥**電子線発生** 試料挿入時に悪化した鏡筒の真空度の回復を待って電子線を発生させる（電子銃のタイプごとに発生方法が異なる）.

⑦**検鏡** （観察やトレーニングを行う）

⑧**電子線停止** 検鏡を中断・終了する場合はカメラ・検出器類を停止し，電子線を停止する．ガンバルブがある場合はCloseする．ガンバルブがない装置で短時間中断する場合は，スクリーンの焼き付き防止のため，ビームを広げて暗くしておく．径の小さい対物絞り・制限視野絞りを入れてビームを遮っても良い.

⑨**試料取出** ホルダー位置をリセットし，インギャップ絞り，EDS検出器が挿入されていないことを確認してホルダーを抜く.

⑩**試料取り外し** ホルダーから試料を取り外す．試料外観が開始前と異なる場合は，鏡筒内で試料が破損している可能性があるため，必ず管理者に報告する.

7.2.2
基礎#2（照射系調整）

まずは実際に試料を観察する前に，電子光学系の挙動を確認するとともに，基本操作を身につける．この練習は試料を入れずに行う.

①基礎#1-⑦までの手順で，電子線を発生する.

② TEM-像モードを選択し，倍率は×8000倍（対物レンズOnでの最低倍率）とする．対物レンズは標準励磁にしておく.

③**ビームの確認** スクリーン上にビームがあることを確認し，集束レンズの励磁（Brightness，ブライトネス）を調整してビーム強度と照射範囲が変わることを確認する.

④**ビームのセンタリング** ビームをスクリーン上に収束させる．照射系の偏向コイル（Beam Shift）を調整して，スクリーン中央にビームを平行移動する.

⑤**集束絞り** ビームを広げて集束絞りを挿入する．ブライトネスを変更した際に，ビーム（絞りの影）が同心円状に変化することを確認する．ビームがス

イングする場合は，ビームと絞りの中心がずれているため，スイングしなくなる位置に調整する．

⑥**スポットサイズ**　電子線の明るさを変更する場合はスポットサイズを変更する．スポット位置がずれた場合は④の方法でセンタリングする．後述する平行照射条件を保ったまま明るさを変えたい場合は，集束絞りのサイズとスポットサイズで調整する必要がある．

⑦**倍率の調整**　倍率を変更するとスクリーン上の照射領域が変わる．同時に明るさが変わるため，ブライトネスを調整する．倍率変更では中間レンズの励磁電流のみが変化しその他は動いていないことを確認しておく．

⑧**電子線停止**　倍率を×10 K 程度に設定し，ビームをスクリーンと同程度のサイズに広げておき電子線を停止する（次回以降の観察のため）．

7.3 トレーニング：TEM

7.3.1 TEM#1・基本観察

このトレーニングでは金ナノ粒子を担持した支持膜試料を用いる．支持膜は薄い非晶質カーボンであり全領域で電子線を透過するためビームを見つけやすい．また，金粒子は密度が高く十分なコントラストを示すため観察しやすい．一つ一つの内容は単純で難しくはないが項目数は多く，実際の実験の前提となる．まずは本項目の内容をマニュアルなしでできるようになるまで練習しよう．

①**照射系の軸調整**　基礎編を参考に済ませておく（管理者に依頼しても良い）．対物絞りと制限視野絞りは抜いておく．

②**ビーム探し**　電子線を発生させスクリーンにビームが届いていることを確認

する．試料（TEM）でビームが遮られている場合は，倍率を下げるか，試料位置を移動させてビームを探す．

③**試料高さ合わせ（粗）** 倍率を×10 K程度に設定し，対物レンズの励磁を標準値に戻して，試料上でビームを最小までを絞る．試料高さzが合っていない場合は回折パターンが現れるので，回折パターンが小さくなり消える方向へzを動かす．

④**高さ合わせ** 倍率を×10 K～50 Kに設定する．試料高さを動かして最もコントラストが弱くなる位置を探す．そこがほぼ正焦点である（実際はややアンダー）．イメージウォブラ（集束レンズ偏向コイルの励磁を振動させる機能）を使用して，像が動かない位置に高さを調整してもよい．

⑤**平行照射と制限視野電子回折** スクリーン全面にビームを広げておく．制限視野（SAD）絞りを（通常はスクリーン中央に）挿入し，回折モードへ移ると，スクリーンに後ろ焦点面が投影され，電子回折パターンが表示される．照射系・対物レンズのコイル電流はそのままで，結像系の値のみが変わっていることを確認する．次に適当な対物絞りを挿入して「絞りの端」がシャープになるようにDiff Focus（中間レンズの焦点）を調整する．対物絞りを抜いてブライトネスつまみを調整して「スポット」がシャープになるように調節する．これが制限視野回折パターン（SADP）である．カメラ長を変えると表示されるSADPの大きさが変わることを確認する．金微粒子試料の場合は方位がランダムなので，同心円状上のリングパターン（デバイリング）となる．透過波がスクリーン中央からズレている場合は投影レンズの偏向コイルでセンタリングする．

この状態で，電子線は平行照射されている．ここで，試料高さ・対物レンズの励磁・ブライトネス（集束レンズの照射角）を変えると，回折スポットがぼけてくる．Diff Focusやブライトネスだけを操作して，スポットをシャープにすることは可能だが，平行照射条件から外れてしまうため，厳密な像解釈や面間隔の測定を行う場合は，この操作で平行照射する．

⑥**明視野像** SADPを表示し，対物絞りを挿入し，光軸上の透過波を囲うように位置を調整する．回折波が含まれてしまう場合は小さな絞りを使う．像モードに移るとSAD絞りが入ったままなので引き抜く．所望の倍率（×10

K～300 K 程度）に設定し，観察しやすい明るさにブライトネスを調整する．これが明視野（BF）像である．

⑦**試料移動・試料傾斜**　像を見ながら（トラックボールやジョイスティックで）試料ステージを操作して，試料移動の感覚をつかんでおく．試料を大きく傾斜させると，位置が移動することも確認しておく．

⑧**暗視野像（軸外）**　視野を選択してから，SADP を表示し，対象の回折波（リングパターンの場合はリングの一部）を対物絞りで選択して，像モードへ戻り SAD 絞りを抜く．これが（軸外）暗視野像であり，回折条件を満たす結晶粒のみが明るく，それ以外の領域やバックグラウンドは暗く観察される．簡易的に結晶粒の方位を確認するために使用されることが多いが，絞りが光軸から外れているため，明視野像と視野が一致せず像質も良くないので，通常は次の（軸上）暗視野像を用いる．

⑨**暗視野像（軸上）**　明視野像で視野を選択し，回折モードに入り，SADP を表示する．次に，暗視野条件（※）に切り替えて，目的の回折波を Beam Tilt で透過波の位置（スクリーン中央）に移動させる．対物絞りを光軸上に挿入してスクリーン中央のスポットを囲う．像モードへ移り，SAD 絞りを抜くと暗視野像（軸上）が表示される．ここで明視野条件を呼び出せば，明視野像と切り替えることができる．

（※照射系は複数の照射条件（ビーム傾斜と非点調整）を記憶しておくことができ，通常の照射条件を明視野条件，それ以外を暗視野条件と呼ぶ．通常は複数の暗視野条件を記憶して切り替えられるようになっている）．

⑩**カメラによる撮影**　スクリーンに像が表示された状態で，明るさを（十分暗く）調整してからカメラを電子線の経路に挿入する．適切な像強度・S/N が得られるように露光時間を調整しながら像を撮影する．電子線ダメージによるカメラの故障を避けるために適切な明るさを装置管理者に確認しておく．使用するカメラの種類で適切な明るさは異なる．カメラを挿入したままの倍率変更やブライトネス調整は急激に明るさが変わる原因となるため，できるだけ行わない．電子回折パターンは特に輝度が高いため，十分暗くする．透過波を撮影する場合は，対応するカメラを用いる．非対応の場合はビームストッパで透過波を遮断すること．

⑪**軸調整** 管理者が十分に調整している装置でも，コンディションは逐次変化するため，観察中の細かい調整はユーザー自身で行う．ここで確認するのは以下の点である．

（ア）**対物レンズの非点補正** 対物レンズに非点収差があると，像質が悪化するため，非点補正機能で補正を行う．中低倍では，対物絞りを抜いて，フォーカスをずらして試料端のフリンジを強調して均等なコントラストになるように調整する．10万倍以上の高倍では，非晶質領域でフォーカスをずらした場合の像の流れが最小になるように調整する．CCD/CMOSカメラが使用できる場合は，動画からリアルタイムでFFTパターンを表示してThonリングが同心円となるように調整するほうが簡単である（**図7.1**）．

（イ）**電圧軸調整** 加速電圧にわずかな（数十～数百V）周期変動を与える高圧ウォブラ機能を用いて，レンズの焦点距離を変動させた際に，像が拡大・縮小する中心位置を電圧軸と呼ぶ．電圧軸が光軸からはずれると，色収差による像質悪化の影響を受けやすくなる．そこで，照射系の偏向コイルを微調整して，光軸に沿って電子線を入射させる．具体的にはビームを

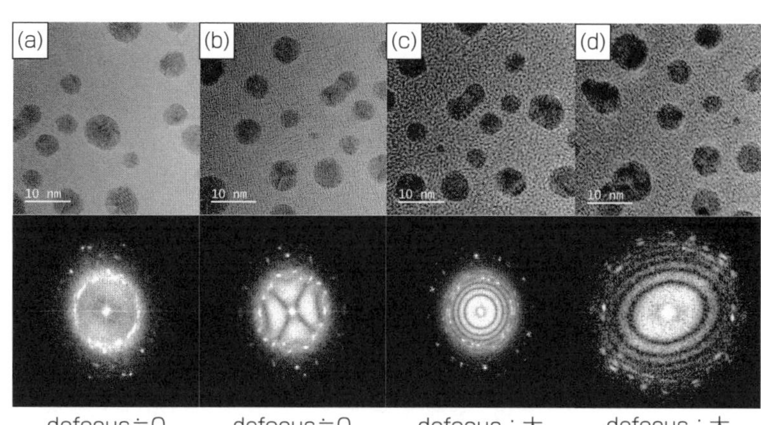

図7.1 FFTを用いた非点調整

上段：高分解能像，下段：FFTパターン（Thonリング）．

センタリングした状態で，スクリーン中心と電圧軸を一致させる．

（ウ）**ヒステリシス**　電子顕微鏡を構成するレンズ・コイル群は本質的に磁気ヒステリシスを有しているため，励磁電流を同じにしても，同じ励磁には戻らない（時間がかかる）．したがって，操作の度に少しずつ像の位置がずれる．これは異常ではないが，観察の妨げとなる場合もある．特に高分解能の観察を行う際は，ヒステリシスの影響を軽減するため，励磁電流の急激な変化（大きな操作）をなるべく控えるようにする．特に対物レンズの励磁OFFにするLowMagモードの使用は影響が出やすい．

⑫**高分解能観察**　電圧軸と，対物レンズの非点収差が補正された状態で，対物絞りを光軸から抜き（大きな絞りでも可），倍率×400 K以上程度で像観察を行うと，位相コントラストが反映された高分解能像を得ることができる．正焦点位置ではコントラストが弱いので，対物レンズの励磁を弱くしてややアンダー側にして観察する．

7.3.2
TEM#2・バルク単結晶試料（単結晶・方位微調整）

基本的な操作について問題なく行えるようになったら，次は単結晶試料の電子回折パターンと高分解能像を取得しよう．電子回折実験はやや慣れが必要だが，まずはおおむね方位が出ている試料における微調整を身につける．マスターすれば，基板上の積層膜や方位が指定されたFIB試料の観察ができるようになる．練習用試料はSi単結晶（110）とする（積層膜の基板部分を利用するとよい）．試料ホルダーは2軸傾斜ホルダーを使用する．

①**回折パターンの表示**　前項に従って回折パターンを表示する．パターンの対称性が良くない場合は，試料を傾斜して電子線の入射方位と試料の晶帯軸の向きを揃える．

②**菊池線の表示**　傾斜を容易にするために菊池線を観察しても良い．菊池線が見えない場合は，厚い領域へ移動する．ビームを絞って収束照射すると類似したコッセルパターンが観察できる．

③**試料傾斜**　試料傾斜は回折パターンを見ながら行う．練習用試料は方位がほぼ出ているため，微調整を行えば良い．ここでの目標は，ほぼ晶帯軸入射か

ら，晶帯軸入射へ微調整することと，傾斜による回折パターンの応答を体感することである．

まず，回折斑点強度の分布状態から，励起されているスポット群の「中心（透過波と励起スポットの間にある最も励起の弱いスポット）」を探す（**図7.2**（a））．次に，ホルダーのX軸Y軸それぞれについてゆっくり傾斜し，「中心」が透過波に近づいた場合はさらに傾斜し，遠ざかる場合は，逆に傾斜し，回折波の強度分布が対照的（図7.2（b））になるまで繰り返す．この状態を晶帯軸入射と呼ぶ．試料が厚い場合は，菊池線を観察できる（図7.2（c）（d））．ここで，前述の「スポット群の中心」と菊池線の中心が対応していることを確認する．最後に様々に試料傾斜した際のスポットの強度分布（あるいは菊池線）の変化の対応を確認する．

④**明視野像**　晶帯軸入射の状態でTEM#1–⑥までを行うと明視野像が得られるが，結晶粒全体が回折条件を満たして真っ黒になる．この状態から適当に試料を傾斜させると，ブラッグ条件から外れていくため，明るくなる（明視野像が明るい状態でSADを観察すると強度分布の対称性が悪くなっており，明視野像が暗くなるように傾斜すると，SADの対称性が良くなることを確認する）．

⑤**暗視野像**　晶帯軸入射でTEM#1–⑧もしくは⑨を行うと，暗視野像が得られる．

⑥**高分解能観察**　晶帯軸入射の状態で，TEM#1–⑫の手順まで行うとバルク試料の高分解能像が得られる．厚い領域では像質が悪いため，できるだけ試

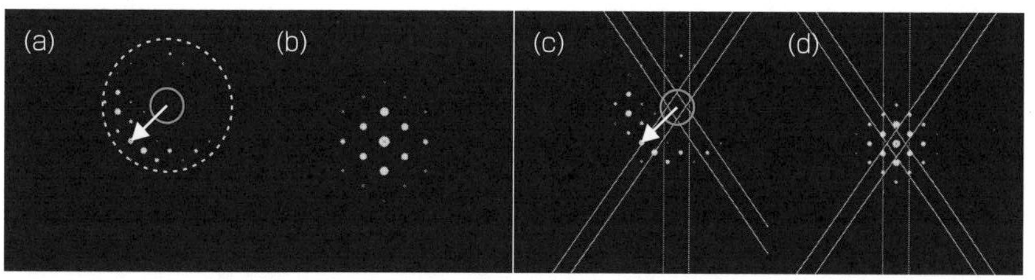

図7.2　**試料傾斜に伴う電子回折パターンの変化（微調整）**

（a）晶帯軸近傍，（b）晶帯軸，（c）晶帯軸近傍（菊池線），（d）晶帯軸（菊池線）．

料の孔付近の薄い場所を観察する．像を撮影する場合は，デフォーカス量を変えながら複数枚撮影する．

7.3.3 TEM#3・バルク試料（方位出し・試料傾斜）

TEMの機能を十分活用するには電子回折を用いた方位出しは必須である．単結晶試料で任意の結晶方位を出せるようになればトレーニングの最初のハードルを越えたと言える．TEM#2で観察したサンプルを引き続き使用する．

①**事前準備**　観察する試料で現れる回折パターンを調べておく．晶帯軸が出ていても，方位を測らなければ意味がない．いろいろなパターンを知っていることが大切である．電子回折シミュレーションソフトを利用すれば，傾斜に伴うパターンの変化もあらかじめ確認できる．ステレオ三角形（図4.1）を作成しておくのも有効である．

②**最初の回折パターン**　TEM#2–③の方法で，晶帯軸入射のパターンを表示する（ここでは110入射）．

③**試料傾斜（晶帯軸周り）**　現在の入射方位と目的の方位に共通するスポット列（系統反射）の強度を維持したまま，試料を傾斜する．試料傾斜はX,Y軸について片方ずつ操作する．例えばX軸を傾斜している際に系統反射の強度が低下した場合は，系統反射の強度が落ちないようにY軸の傾斜を調整する．目的の方位と共通な系統反射がない場合は，晶帯軸を共有する方位を経由して多段階で傾斜する．

④**試料傾斜（微調整）**　目的の晶帯軸に近づいたら，TEM#2–③の方法で方位を微調整する．③～④を繰り返して，様々な方位のパターンを出せるまで練習する．

⑤**高分解能観察**　試料傾斜で様々な晶帯軸を出せるようになったら，TEM#2–⑥の方法で高分解能像を取得する練習をする．

⑥**2波条件**　明視野・暗視野法を活用するためには，2波条件を使いこなす必要がある．まず，励起したいスポットを含む系統反射のみとなるように，晶帯軸から外れる方向に傾斜させる．次に，励起したいスポットとの強度が強

く，透過波が弱くなる位置まで，系統反射と直交する方向へ傾斜させる．菊池線が見えている場合は，菊池線と一致させる．この状態が2波励起条件である．2波条件のまま，明視野像や暗視野像を観察してみよう．

注意・発展

●単結晶の試料傾斜が行えるようになったら，多結晶試料にトライしよう．

●試料を傾斜すると，観察位置が移動する．多結晶試料で電子回折を行う際は頻繁に像を確認しながら，観察位置を見失わないように注意する．

●熟練者は，傾斜中に回折パターンのわずかな変化を捉えて，回折モードのまま試料位置の微調整を行う場合もあるが，きわめて難易度が高く，観察位置を取り違える恐れもあるため，頻繁に像を確認する癖をつけておくこと．

●制限視野絞りよりも小さい領域から回折パターンを得たい場合は，高分解能像を撮影しフーリエ変換すると良い．

7.4 トレーニング：STEM

7.4.1 STEM#1・基本観察

分解能はあまり気にせずSTEM像を得るための操作手順を身につける．この段階ではシングルnm～原子スケールでの観察は困難だがEDSやEELSと組み合わせることで実験の幅が大きく広がる．

①**位置決め**　TEMモードで観察位置近くのアモルファス領域まで移動して，対物レンズの標準励磁でフォーカスが合うように試料高さを調整する（支持膜試料の場合はどこでも良い）．集束絞りは最大サイズ（例：ϕ 150 μm），制限視野絞り・対物絞りは抜いておく．ビームをセンタリングして試料上で

集束しておく．

②**モード変更**　TEM モードから STEM モードへ切り替える．

③**ロンチグラム表示**　ロンチグラムモードに変更するとビームスキャンが止まりスクリーン上にロンチグラムが表示される．対物レンズ（TEM における集束レンズ）の励磁を標準に戻しておく．

カメラ長を変えるとロンチグラムの大きさが変わることを確認する（ここでは 6～8 cm 程度を選択しておく）．詳細にロンチグラムを観察する場合は，カメラ長を大きくするか，小蛍光板と双眼鏡を用いる（表示されない場合はプローブが試料で遮られているため試料を動かす）．

④**集束絞り挿入**　適当な集束絞り（例：ϕ 40 μm）をロンチグラムの中央に挿入する．

⑤**センタリング**　投影レンズ偏向コイルの励磁を調整してスクリーン中央（理想的には STEM 検出器の機械中心）にビームをセンタリングする．

⑥**スキャン再開**　ロンチグラムモードを終了するとビームスキャンが再開する．スキャン速度は最速，倍率は最低を選択しておく．

⑦**検出器選択**　使用する STEM 検出器を選択して挿入すると STEM 像が表示される．検出器がスクリーンの下にある場合はスクリーンを跳ね上げる．複数の検出器で像を同時取得できる装置もある．

⑧**カメラ長選択**　必要な場合は試料の構成元素に応じてカメラ長を変更して検出器の取り込み角を調整する．カメラ長を変更すると軸ズレする場合があるため，必要に応じて⑤の方法でセンタリングする．

⑨**視野選択**　観察位置まで試料を移動し，適当な倍率を選択する．

⑩**輝度・コントラスト調整**　画像信号のヒストグラムを確認しながら検出器の感度とオフセットを調整して観察しやすいコントラストにする．S/N が低く像質が悪い場合は，プローブサイズか集束絞りのサイズを大きくして輝度を上げるか，スキャン速度を遅くする．

⑪**高さ合わせ**　像がぼけている場合は，試料高さを調整する．

⑫**スキャン速度設定**　十分な S/N が得られるように走査速度を調整する．

⑬**スキャン角度調整**　必要な場合はスキャン角度を調整する．走査方向（横方向）の分解能がやや良いため，分解能にシビアな観察の場合は面間隔の狭い

方位を横方向に合わせると良い.

⑭**フォーカス合わせ** 少し高めの倍率で，集束レンズのフォーカスと非点を調整してシャープな像を得る（SEMの経験がある場合は同じ感覚で調整すると良い）.

⑮**撮影** 像のドリフトがおさまるのを待って撮影する.

注意・発展

●倍率を上げすぎるとスキャン範囲が狭くなり，コンタミやダメージの原因となる場合がある.

●高い分解能が必要な場合は照射系に収差補正装置を備えた装置を使用し，ロンチグラムを用いた軸調整を行う.

●STEM－ADF/BFのコントラストは取り込み角で変わるため，構成元素に応じて直径の異なる検出器を用いるか，カメラ長を変える.

7.4.2 STEM#2・ロンチグラムを用いた軸調整

STEM操作の基本を習得したら，プローブ径を絞るためにロンチグラムを使った軸調整を修得する．原子分解能を求める場合は収差補正機を使用するが非収差補正機でも手順は同様である．試料はSTEM調整用の金ナノ粒子を用いる（ロンチグラムの調整だけであれば，広いアモルファス領域があれば良いので支持膜のみでも練習可能）.

①**ロンチグラム表示** STEM#1-③まで進めてロンチグラムを表示する.

②**カメラ長設定** 本手順ではロンチグラムを詳細に観察する必要があるため，小蛍光板と双眼鏡を用いる．カメラ長を長くするとスクリーン上でも観察可能であるが，カメラ長を戻したときに軸ズレする場合がある．スクリーン下部にTEM用カメラを使用しても良いが，強いビームでカメラがダメージを受ける場合があるため，使用可能か必ず管理者に確認しておく.

③**倍率変更** 倍率を高倍率（×2 M以上）に設定しておく（倍率によって使用されるレンズ電流の組み合わせが異なるため，高倍用の組み合わせになる条件で調整する）.

④**高さ調整**　対物レンズを標準励磁にして，正焦点位置に試料高さを調整する．ロンチグラムが大きくなる方向へ高さを動かし続けて拡大・縮小が反転する位置が正焦点．

⑤**軸上コマ補正**　Obj Focusで大きくフォーカスをはずしてロンチグラム中央付近の対称性が良くなるようにBeam Tiltを調整する．

⑥**非点補正**　対物レンズを標準励磁にして，フォーカスを動かして正焦点を探す．非点がある場合は，正焦点位置で像の流れる方向が90°変わる．集束レンズの非点を調整する．フォーカスをずらしても像が流れなくなるまで非点補正を繰り返す．コマと非点が補正されると，正焦点位置でロンチグラム中央付近がフラットなコントラストを示す．

⑦平坦なコントラスト領域が最も広がるまで⑤～⑦を繰り返す．十分広がらない場合はCsコレクタの調整が必要（管理者に相談する）．

⑧非収差補正機の場合は以降STEM#1・基本観察-④～と同様である．収差補正機の場合はSTEM#1・基本観察-④～⑪まで済ませてから次へ進む．

⑨**フォーカス合わせ①**　倍率を十分高くする（例：×10 M）．S/Nが悪い場合はスキャン速度を落としておく．以下，支持膜表面を観察するので，BF像で行うとやりやすい．構成元素が重たい場合はADFを用いる．装置の構成によって同時使用が可能な場合もある．

⑩**フォーカス合わせ②**　Obj Focusを「ゆっくり」動かしながらフォーカスを合わせる．はじめは非点が完全に補正されていないので像の流れる方向が90°切り替わる位置（正焦点）を探す．

⑪**フォーカス合わせ③**　集束レンズの非点を調整する（ナノ粒子中のAu単原子が見えればOK）．

⑫いったんフォーカスを合わせてしまえばプローブは常に絞られているので所望の倍率で観察を続ける．

注意・発展

●試料がコンタミしたり孔が空いたりしている場合は，ロンチグラムが正しく表示されないため場所を変える．クリーニングが必要な場合もある．

7.4.3
STEM#3・高分解能観察（結晶性バルク試料）

アモルファス領域でプローブを絞れるようになったら，結晶性バルク試料の高分解能STEM観察に必要な残りの手順は方位出しのみである．練習の場合はSi基板試料を使用する．

①**位置選択**　TEMモードで対象の位置と方位を選択する（電子回折で晶帯軸入射になっていることを確認しておく）．あわせて，観察位置の近傍の非晶質領域を探しておく．多結晶や複雑な試料の場合はSTEM観察で位置を見失わないように写真を撮っておくと良い．

②**事前調整**　STEMモードに入り，STEM#2–⑧まで済ませておく．

③**方位微調整①**　ロンチグラムモードでObj Focusを大きくはずすと試料の広範囲が映し出される．結晶質の領域はコッセルパターン（菊池線）が重畳しているので観察しやすいようにObj Focusを調整する．

④**方位微調整②**　試料を傾斜にあわせてコッセルパターンも移動するので，ロンチグラムの中心とコッセルパターンの中心が一致するように傾斜させる（厳密に晶帯軸入射とする）．

⑤**フォーカス**　対物レンズを標準励磁にして，試料高さを調整して正焦点に合わせる．フォーカスが合うとロンチグラムのフラットコントラスト領域に試料の結晶格子が現れる．集束絞りをロンチグラムの中心へ挿入する．

⑥**走査像表示**　スキャンを再開しSTEM#2–⑨～を行う．フォーカスが合うと結晶の原子カラムが表示される．非点を調整しても像が流れる場合は，結晶方位が傾いている．

7.4.4
STEM#4・元素分析（EDS）

STEMモードでは電子プローブは試料上で常に同じ条件で細く絞られているため，STEM像が表示されている状態であればEDS検出器を挿入するだけで局所領域の組成分析が可能である．点分析・ライン分析・マッピングのいずれもほぼ同じ手順なので測定箇所の選択や像解釈で迷ったときはとりあえず広範囲のマッピングが有効である．

①**視野探し**　STEM 像を表示し測定箇所を表示させる．

②**試料傾斜**　特性 X 線が EDS 検出器に向かって放出されるように試料を傾斜する（適切な角度は管理者に確認する）．

③**検出器挿入**　検出器を鏡筒に挿入し使用可能な状態になるまで待つ．

④**時定数設定**　EDS アナライザの時定数を選択する．カウント数が必要な場合は低く，定量分析を行う場合などエネルギー分解能が必要な場合は大きくする．

⑤**ビーム強度調整**　デッドタイムが適切な範囲（20～40% 程度．機種によって異なる）におさまるように，プローブ電流を調整する．カウント数が少ないと S/N が悪く測定時間も長くなるため，低すぎる（例：～1000 cps）場合はプローブ電流を上げる．

⑥**予備測定**　視野全体からのスペクトルを取得し，定性分析で構成元素を確認しておく．

⑦**測定位置指定**　EDS 制御ソフトで STEM 像を読み込む（ここで取り込んだ画像で以後の測定箇所が指定される）．

⑧**マッピング**　測定条件（対象元素・測定画素数・ピクセルタイム・積算回数・プローブトラッキング等）を設定し，マッピングを開始する．エンドレス測定の場合は手動で測定を停止する．測定後は必要に応じて定量マップを作成する．

⑨**点分析**　⑦で取得した画像上で，分析位置を指定し，測定する．ビームを試料上で止めて測定するため，場合によってはダメージで孔が空くあるいは反対にコンタミすることがある．測定後はスペクトルと試料の状態をよく検証すること．

⑩**ライン分析**　⑨で線状に測定点を指定して測定すると，直線に沿った原子濃度プロファイルを得ることができる．

⑪**マッピングデータの再分析**　マッピングデータには，ピクセルごとのスペクトルが記録されているため，事後に点分析・ライン分析・任意形状の面分析などが可能である．十分なカウントを稼ぐためには時間がかかるが，休憩前に測定をセットしておけば効率良く測定できる．

注意・発展

●原子分解能のSTEM像が得られている状態でEDSマッピングを行えば，原子カラムのマッピングも可能である．

●カラムマップの条件はかなりシビアで，十分なカウントに加えて，測定中に試料・像（ビーム）がドリフトしない，コンタミしない，ダメージで破損しない必要がある．手動でドリフトを補正し続けることも有効である．

●カラムマップの練習には，$SrTiO_3$など，構造がシンプルで，規則度が高く，構成元素の原子番号差が大きなものが向いている．慣れが必要な実験なので，経験者に実演してもらおう．

7.4.5 STEM#5・EELS

EELSは，事前準備・実験中の手順・測定後の解析のすべてにおいてマニュアル作業が必要であり手間がかかる．EDSほど一般的ではないがS/TEMによる化学状態分析にはEELSが必要であり，利用者は増えている．他のトレーニングにあわせて基本的な操作法を修得しておくことを推奨する．ここではポストコラム型のEELS検出器を利用する．練習用試料は$SrTiO_3$等300〜1000 eV付近に明瞭な吸収端を示すものがよい．

①**事前準備**　EELS Atlas[33]（https://eels.info/）で測定対象元素の吸収端エネルギーを確認して，検出器のパラメータ（Dispersionとエネルギーオフセット）を決めておく．

②**視野探し**　STEM像を表示し測定箇所を表示させる．

③**カメラ長設定**　ロンチグラムモードでカメラ長を最短に設定する（2〜3 cm）．CL絞りをロンチグラムの中心へ挿入し，投影レンズ偏向コイルでセンタリングする．

④**STEM像表示**　ADF検出器でSTEM像を表示する（EELS用のSTEM検出器がある場合はそちらを使用する．BF検出器を使用すると電子線経路が塞がれ，EELS検出器に電子ビームが到達しないため注意する）．

⑤**ゼロロス表示**　試料上でビームを止め，EELS検出器に①で決めたDispersionをセットし，エネルギーオフセット0 eVで測定を開始する．ゼ

ロロスピークが表示される．

⑥**アライメント**　ゼロロスピークの半値幅が最小，強度が最大となるようにスペクトルのフォーカスを調整する（Auto focus 機能も利用できる）．

⑦**オフセット設定**　①で決めたエネルギーオフセットを EELS 検出器にセットする．

⑧**測定条件設定**　測定を開始するとスペクトルが表示されるので，十分な強度と S/N を得られるように，露光時間と積算回数を調整する．Dispersion が小さい場合や，高エネルギー損失側の測定で信号強度が弱い場合はプローブ電流を上げる．

⑨**スペクトル取得**　スキャンを再開して ADF 像を取得後，測定箇所にビームを止め，スペクトルを取得する．

⑩**解析**　EELS 制御ソフトの解析機能を用いて，バックグラウンドを除去してエッジを抽出する（データを持ち帰って解析する場合はフリーソフトウェアの ImageJ/Fiji が利用できる）．

注意・発展

●スペクトラムイメージング　測定箇所を含む STEM 像を取得．測定エリアとトラッキング用エリアを設定して測定開始．

7.5 ソフトウェアの活用

電子顕微鏡のデータを解析評価する上で多くの便利なソフトウェアが開発公開されている．ソフトウェアのタイプは，シミュレーション・解析・画像処理に大別される．とりわけシミュレーションソフトは電子顕微鏡法の原理の理解にも有用である．解析に利用する結晶構造情報もデータベースが整備されている．これらを活用することが技能修得・研究遂行への近道である．専門家向けであるため十分な機能を備えたものは有償のものが多いが，無償で利用できるものもある．

本項では筆者が実際に使用しているソフトウェアの中で，初習者にも使いやすいと思われるものを紹介する．フリーウェアについてはとりあえず手元のPCにインストールして使い方を確認しておこう．本来であればチュートリアルを示したいところだが，紙面の都合もあり割愛した．どれも優れたソフトウェアであり開発者の方々には敬意を表する．

7.5.1 無償利用可能なソフトウェア

① Digital Micrograph®/Gatan Microscopy Suite®（GMS）[34)]

開発：Gatan, Inc.

https://www.gatan.com/products/tem-analysis

S/TEM実験の制御と解析のための標準的ソフトウェア．透過電子顕微鏡像の記録方式としては事実上の標準形式であるDigital Micrograph（DM）形式（拡張子：dm3/dm4）のデータを取り扱える．データ表示や測長，FFT処理など基本的な機能は無償で利用可（EELS解析等一部有償プラグインが必要な場合がある）．

② ImageJ/Fiji[35)]

開発：Wayne Rasband（NIH）

https://imagej.net/

オープンソース・パブリックドメインの画像処理ソフトウェア．dm3/dm4形式のデータも直接扱える．プラグインが充実しておりEELSのデータ処理も可能．

③ VESTA[36)]

開発：門馬綱一・泉富士夫

https://jp-minerals.org/vesta/jp/

結晶構造，電子・核密度等の可視化プログラム

④ CrysTBox[37)]

開発：Miloslav Klinger

https://www.fzu.cz/crystbox

電子回折パターン・デバイリングの自動指数付け

格子歪みの定量解析（Geometric Phase Analysis : GPA）

2 波条件で撮影した CBED ディスクから試料厚さを推定

⑤ ReciPro[38)]

開発：瀬戸雄介

https://github.com/seto77/ReciPro

結晶構造モデルの可視化・ステレオネット表示

電子回折・CBED パターンのシミュレーション

高分解能 TEM/STEM の像シミュレーション

7.5.2 有償ソフトウェア

① xHREM™

開発：有限会社　HREM

https://www.hremresearch.com/xhrem/

HRTEM/STEM/CBED のシミュレーション

マルチコア CPU・GPU をサポートしているため実行速度が速い

② Crystal Maker®/Single Crystal®

開発：Crystal Maker Software Ltd.

https://crystalmaker.com/

結晶構造および分子構造の可視化ソフトウェア，界面も取り扱える

Single Crystal® で電子回折パターンのシミュレーションも可能

③ Tempas

開発：Total Resolution LLC

https://www.totalresolution.com/Tempas.htm

HRTEM/STEM/SAD/CBED シミュレーション

各種画像処理

引用文献

[1] 木本浩司・三石和貴・三留正則・原 徹・長井拓郎：「物質材料研究のための透過電子顕微鏡」，講談社（2020）.

[2] 田中信夫：「電子線ナノイメージング—高分解能 TEM と STEM による可視化」，内田老鶴圃（2009）.

[3] 今野豊彦：「物質からの回折と結像—透過電子顕微鏡法の基礎」，共立出版（2003）.

[4] 田中通義・寺内正己・津田健治：「やさしい電子回折と初等結晶学—電子回折図形の指数付け，収束電子回折の使い方—」，共立出版（2014）.

[5] 日本顕微鏡学会プロジェクト推進委員会：https://microscopy.or.jp/jsm2022/wp-content/uploads/EM5_project.pdf

[6] 小山泰正・松井良夫：日本結晶学会誌，**39**，271（1997）.

[7] Peng, L. M., Ren, G., Dudarev, S. L., Whelan, M. J.: *Acta Crystal. Sec. A*, **A52**, 257 (1996).

[8] 只野文哉：*J. Electron Microsc.*, **10**, 7 (1961).

[9] 日本電子（株）：「JEM-ARM 200F　原子分解能電子顕微鏡　取扱説明書」，(2013).

[10] 桜井敏雄：「X 線結晶解析（物理化学選書）」，裳華房（1967）.

[11] 坂 公恭：「結晶電子顕微鏡学—材料研究者のための（材料学シリーズ）」，内田老鶴圃（1997）.

[12] 竹口雅樹・杉山直之：表面と真空，**61**，722（2018）.

[13] Bence, A. E., Albee, A. L.: *J. Geol.*, **76**, 382 (1968).

[14] Sweatmant, R., Long, J. V. P.: *J. Petrol.*, **10**, 332 (1969).

[15] Cliff, G.. Lorimer, W.: *J. Microsc.*, **103**, 203 (1975).

[16] 進藤大輔・及川哲夫：「材料評価のための分析電子顕微鏡法」，共立出版（1999）.

[17] 金子賢治・馬場則男・陣内浩司：顕微鏡，**45**，37（2010）.

[18] 金子賢治・馬場則男・陣内浩司：顕微鏡，**45**，109（2010）.

[19] Vincent, R., Midgley, P. A.: *Ultramicrosc.*, **53**, 271 (1994).

[20] Viladot, D., Veron, M., Gemmi, M., Peiro, F. Portillo, J., Estrade, S., Mendoza, J., Llorca-Isern, N., Nicolopoulos, S.: *J. Microsc.*, **252**, 23 (2013).

[21] 山崎貴司・渡辺和人：顕微鏡, **43**, 125 (2008).

[22] 山崎貴司・渡辺和人：顕微鏡, **43**, 278 (2008).

[23] 柴田直哉・Scott, F.・幾原雄一：日本結晶学会誌, **55**, 362 (2013).

[24] 長迫 実：ぶんせき, 2021, 86.

[25] 日本電子顕微鏡学会関東支部：「電子顕微鏡試料技術集」, 誠文堂新光社 (1970).

[26] 朝倉健太郎・平坂雅男・為我井晴子：「失敗から学ぶ電子顕微鏡試料作製技法 Q&A：電子顕微鏡研究者のための」, アグネ承風社 (2006).

[27] 材料技術教育研究会：「金属組織観察のための検鏡試料の作り方」(2020).

[28] 佐々木宏和・加藤丈晴・松田竹善・平山司：顕微鏡, **46**, 188 (2011).

[29] 梅村 馨・富松 聡・松島 勝・大西 毅・小池英巳：精密工学会誌, **68**, 756 (2002).

[30] Overwijk, M. H. F., van den Heuvel, F. C., Bulle-Lieuwma, C. W. T.: J. Vacuum Sci. Technol. B: *Microelect. Nanom. Struc. Process. Measu. Phenom.*, **11**, 2021 (1993).

[31] Gunter, P.：「組織学とエッチングマニュアル」, 日刊工業新聞社 (1997).

[32] 日本金属学会：「材料開発のための顕微鏡法と応用写真集」, 日本金属学会 (2006).

[33] Gatan, Inc.: EELS.info. (オンライン) https://eels.info/

[34] Schaffer, B.: Digital Micrograph, *in* Transmission Electron Microscopy (ed. Carter, C. B., Williams, D. B.), pp.167–196, Springer Nature (2016).

[35] Schneider, C. A., Rasband, W. S. K., Eliceiri, W.: *Nature Methods*, **9**, 671 (2012).

[36] Momma, K., Izumi, F.: *J. Appl. Crystal.*, **44**, 1272 (2011).

[37] Klinger, M., Jäger, A.: *J. Appl. Crystal.*, **48**, 2012 (2015).

[38] Seto, Y., Ohtsuka, M.: *J. App. Crystal.*, **55**, 397 (2022).

[39] 日本表面科学会：「透過型電子顕微鏡（表面分析技術選書）」, 丸善出版 (1999).

[40] Williams, D. B., Carter, C. B.: "Transmission Electron Microscopy A Textbook for Materials Science", Springer (2009).

[41] Hovington, P., Drouin, D., Gauvin, R.: *Scanning*, **19**, 1 (1997).

[42] Muller, D. A.: *Nat. Mater.*, **8**, 263 (2009).

索　引

【か】

【さ】

【た】

【な】

【は】

［著者紹介］

長迫　実（ながさこ　まこと）

2006年　熊本大学自然科学研究科生産システム科学専攻博士課程修了

現　在　東北大学金属材料研究所助手，博士（工学）

専　門　金属材料学

分析化学実技シリーズ
機器分析編 14
電子顕微鏡

Experts Series for Analytical Chemistry
Instrumentation Analysis : Vol.14
Easy Introduction of
Electron Microscopy Observation
and Analysis for Materials and Devices

2023年7月10日 初版1刷発行

検印廃止
NDC 433, 460.75, 549.97
ISBN 978-4-320-14101-8

編　集　（公社）日本分析化学会　©2023

発行者　南條光章

発行所　**共立出版株式会社**

〒112-0006
東京都文京区小日向 4-6-19
電話　03-3947-2511（代表）
振替口座 00110-2-57035
www.kyoritsu-pub.co.jp

印　刷
製　本　藤原印刷

一般社団法人
自然科学書協会
会員

Printed in Japan